和·味道

和食 1＋1

美味源自单纯

（日）松本荣文——著

张凌志——译

青岛出版社
QINGDAO PUBLISHING HOUSE

写在前面的话

美，源自朴素

从日式茶室的陈设我们可以看到，日本人长久以来都在简朴的器具与陈设中追求一种独特的美。这一日本人特有的价值观，不同于世界上大多数文化对美的认识。使日本人的审美观在经历了巨大的变革后走到这一步的，是室町幕府的第八代将军足利义政。

身为幕府将军的足利义政对理政漠不关心，倒更像是一位狂热的美术品收藏家。他倾尽幕府的财力搜罗艺术品，最终导致了幕府的财政危机。再加上各派势力对幕府继承权的争夺，最终导致了"应仁之乱"（*译者注：公元1467年-1477年*）的发生。这场旷日持久的战乱带来了超乎现代人想象的破坏。平安时代的大贵族藤原家族营造的雅致的和风文化、室町时代的历代幕府将军构筑起来的审美情趣，全都成为过去。足利幕府的历代将军通过贡舶贸易，从明朝舶来形形色色的艺术品与文化。室町时代的审美观植根于以复杂为美的艺术品。收藏艺术品成为贵族社会中身份的重要象征。

长年的动乱把京都的文化景观破坏殆尽，让一切都化为了灰烬。很难想象目睹此情此景的义政以怎样的心情终结了这场浩劫。义政让位于其子义尚，在京都的东山隐居下来。以庄严肃穆著称的临济宗寺院——慈照寺（银阁寺）便是义政在这一时期营造的。慈照寺和另一位幕府将军足利义满营建的金碧辉煌的临济宗鹿苑寺（金阁寺）形成了鲜明的对比。义政一定也曾力图建造一座能够超越金阁寺的寺庙。他在银阁寺的修建过程中大量使用生漆来替代金阁寺所用的金箔，又在天花板施以精美绝伦的五色祥云，尽力营造出银阁寺卓尔不凡的美丽。

这成为价值观发生巨大变化的一个转折点。在简朴中寻求价值的审美观，取代了以纷繁复杂的美来炫耀权势的做法。这便是东山文化的起点。这是在陷入绝望境遇，变得一无所有的时候才可能体会到的境界。所谓"古寂"也是义政此时的领悟之一。这是跌落到了人生的低谷，一无所有的义政才有可能到达的新境界。

慈照寺的东求堂中有一座名为"同仁斋"的四叠半（*译者注：叠是日本特有的室内面积单位，一叠即一张榻榻米的大小。四叠半大约为8.2平方米，是日式房间特别是草庵式茶室的典型格局*）大小的书斋。用来采光的纸拉门在静静地诉说着这里的空无一物。这里虽然四壁皆空，但空旷中又被赋予了一种落寂之美。同仁斋是一座只有在人进入时才会完成的艺术空间，而空无一人的同仁斋则是一座未完成的艺术品。这便是落寂之美。正因为不再有人接近义政，他倍感寂寞与不安，义政第一次领悟到美并不需要依赖物质的力量。庭院中的树木投射在纸拉门上的影子，仿佛一幅水墨画。拉开纸拉门，庭院的风景又会像一幅长卷，在眼前豁然开朗。有人说同仁斋就好像是义政的化身。茶道的始祖村田珠光也曾造访这里。此后，村田珠光抛弃了将豪华绚烂的舶来茶具进行罗列的茶道，开始在朴素淡泊中去寻求茶道的价值。

美味源自单纯

现在经常能听到"Simple is Best"这个提法。Simple 意味着单纯，同时也带有简单、朴素的意思。单纯仅仅意味着没有糅合其他东西，而朴素则表示没有冗余而质朴。简单意味着轻而易举，并不复杂。Simple 这个词有着这样几个不同层面上的意味。

正因为东山文化中古寂这一思想的成熟，时代又发展到了人类文化获得了巨大进步的今天，日本人才会从简朴中感受到美。正因为我们身处现在这样一个时代，才会在弥生时代和旧石器时代的陶器中发现一种朴素之美。古人并不会意识到简朴也是一种美。陶器上荚果蕨和蕨菜的卷曲图案在当时一定是相当标新立异的创意。

只有更美，没有最美——工匠们对美的追求永无止境。让自己的作品复杂到别人无法模仿，成为向外部展现自己实力（Status）的手段。因此，相对于复杂的事物，朴素的事物会被认为是无能的体现。正因为如此，日本历史上以野心著称的人物（苏我入鹿、平清盛、足利义满、织田信长、丰臣秀吉），都竞相追求异国文化中纷繁复杂的一面。但是在现代这样一个物质饱和的时代，回归古寂这个原点，应该才是开拓新的文明的必经之路。

日本料理的世界亦是如此。当下的流行也正从追求复杂的"本膳料理"转变到注重古寂的"怀石料理"。朴素与单纯的可贵，现在正在被人们重新认识。

所谓料理，不过是通过对食材做加法减法而获取的味觉享受。加法做得过头，会让人不明白料理的用心所在。在做完一次加法后，如何恰到好处地再做减法才是关键所在。制作料理的过程中，少不了要对食材下刀，而每动一次刀，都会让食材中蕴含的生命力折半。因此需要和别的食材相搭配，以补充食材失掉的生命力。煎炒烹炸中对火候的把握、对盐分的把握、对水分的把握——料理是否成功，无不取决于对这些细节的把握，对食材的生杀予夺全在于此。

料理不需要特意修饰，只要将存在于事物之中的和谐之美自然地呈现出来，就能够让观者感受到食材的生命力与可贵。越是做得单纯，越能让食材本身所拥有的价值发挥出来。美味源自单纯的道理也正在于此。我始终认为料理不应该去追逐时尚与流行，而应该让人们靠本能去品味。

理解食材所蕴含的生命力

日本人会在吃饭之前说一句"我要开动了",来向食物感恩。在饭后道一声"承蒙款待"。"驰走"(*译者注:日语中款待之意*)本来是东奔西走之意。过去主人为了招待客人,会骑上马奔走四方去搜集食材。所以"驰走"在不知不觉之间包含了款待的意思。客人向主人的辛劳表示感谢的礼貌用语,便是这句世界上独一无二的"承蒙款待"。换言之,为了能够做出美味佳肴,必须得先掌握鉴别食材优劣的能力。

出于工作的需要,我会经常造访日本全国从事农业渔业的人们。其间我屡屡被在那些地方吃到的蔬菜和渔家菜所打动。对于蔬菜来说,理想的栽培环境并不意味着一切。番茄仅仅被给予最低限度的水和肥料,仍然顽强地成长;台风带来的高潮位引起盐害,在盐害中成长的卷心菜反而变得比平常更加甘甜。这些事例让我仿佛听到了蔬菜们的心声。在毫不吝惜劳力地把传统蔬菜的栽培加以忠实继

承的农田中，可以感觉到蔬菜在用自己的生命竭力告诉人们：自己这一物种还顽强地活在这个世上。

这个世界上没有什么味道能够超越食材中自然天成的美味。

日本人自古以来就认为料理的味道"九成在食材，一成在烹调"。而中国菜是"六成在食材，四成在烹调"。由此可以看出，日本料理最大的特征无外乎是对食材的重视。

任何一样食材都具有独一无二的特性。无论是烹调过程中用到的辅料、调料，还是烹饪技术，全都应该为发挥食材的特性服务。料理看似在做简单的加法，但在这里，一加一并不等于二，而是会产生五甚至是十的内涵。为了做到这一点，首先要做的就是理解食材的特性，掌握让它们把美味和盘托出的方法。这也正是我在这本书中想要向读者们传授的，

目录

野菜

油菜花

微苦的萌芽，恰恰是春天带来的味道

在树木花草一起吐出嫩芽的春天，油菜花特有的微微的苦味会让人吃起来心动不已。油菜花在霜降时节还不过是小小的叶片，一边经受寒霜的考验，一边蓄积养分，酝酿着它那后劲十足的味道。到了大寒前后，花苞在叶子的庇护下长出，然后会在气温升高的瞬间突然绽放。正因为经历了这样的一个过程，花朵的鲜美才显得格外浓郁。在舌面上扩散开去的甘甜和若隐若现的苦味，还有在到达喉咙后反馈回来的回味——这正是能让人感受到无穷生命力的春天的味道。

最近能看到西蓝花、小松菜、小白菜等各种蔬菜的花苞越来越多地出现在市面上。但我们一般所说的菜花，本来特指油菜花。在市场上最受好评的是色泽葱翠欲滴、花蕾密集的油菜花。但是这样的油菜花风味略显不足，也欠缺应有的苦涩与鲜香。只有花蕾颗粒饱满、色泽嫩绿的油菜花，才会越嚼越有滋味，而且鲜香扑鼻。

味道香浓的油菜花如果和醋饭搭配在一起，就更能凸显出它的可贵——在油菜花特有的苦味之上，加上醋饭的微甜和虾肉毫不张扬的鲜美——为了抑制油菜花的苦涩，搭配少许香甜的味道是非常有效的手段。而"酒盗"（*译者注：用鱼的内脏腌制的下酒菜*）则是充分利用了油菜花特性的料理。正因为油菜花风味独特，因此把它和味道特殊的酒盗调配在一起，就可以利用味觉的相生相克，让各自过于突出的特性互相抑制。不管是油菜花的苦涩还是酒盗的腥臭，全都会消失得无影无踪，是难得一见的绝佳搭配。

油菜花醋饭

材料（2 人份）

油菜花········200 克

对虾········5 只

食盐········少许

醋饭用米饭

| 米········360 毫升

| 水········288 毫升（米的 4/5）

醋饭用醋

| 米醋········2 大勺

| 食盐········1 小勺

| 白糖········2 大勺

炒熟的芝麻········少许

做法

1 在蒸饭的三十分钟前将米浸泡在等量的水中，之后用给定的水量蒸出稍硬的米饭。

2 把蒸好的米饭倒在木桶里，均匀地洒上醋，用将米饭不断地从中间分割的方法轻轻搅拌。
盖上湿布，等待米饭的温度降至常温。

3 将油菜花用热水煮过后，过一道凉水，轻轻挤掉水分。把花蕾和花茎分开，花茎切碎待用。

4 对虾不去壳，用加盐的热水略微煮过后捞起置于簸箕上。去壳后切成段。

5 将醋饭盛在木盒内，再将步骤 3、4 中备好的食材点缀其上，最后撒上炒好的芝麻。

油菜花拌酒盗

材料（2 人份）

油菜花········200 克

配料

| 酒盗 *········1 大勺

| 现榨的柠檬汁········2 小勺

| 色拉油········1 小勺

| 食盐········少许

* 加盐、辣椒处理的鲣鱼等鱼类内脏。

做法

1 将油菜花用热水煮过后，过一道凉水，轻轻挤掉水分。切成五厘米长大小，放在大碗中。

2 在酒盗中加入榨好的柠檬汁、色拉油，再放盐调味。

3 在步骤 1 准备好的油菜花中倒入步骤 2 中的食材，稍加搅拌，最后在器皿中高高堆起。

竹笋

挺拔的身姿中蕴含着暮春时节的美味，让我们品味那不凡的生命力

清晨，在因为朝露而湿润的土壤上面，从其微微开裂的地方探出头来的竹笋，是那样柔软、甜美与芬芳。埋在土里的竹笋几乎没有任何苦涩的味道，但是一旦和空气接触，其中的苦涩成分就会陡增。因此应该尽可能吃新鲜的竹笋。刚刚挖出来的新鲜竹笋可以切片生吃，如果是在采到的当天，也可以不进行任何加工，直接煮食。放了更长时间的竹笋就需要用米糠或者淘米水去掉竹笋里的苦涩成分了。竹笋的苦涩味道源自尿黑酸与草酸，其中草酸一旦接触到氧气，会迅速增加两到三倍，使竹笋吃起来非常涩口。

之所以用米糠来对竹笋进行预处理，是因为米糠呈碱性，可以让竹笋中坚硬的纤维质变得柔软。在煮竹笋的时候，一定要连皮一起煮。因为笋皮中含有还原性的亚硫酸盐，可以防止竹笋的氧化，同时还能让纤维质变得柔软。在煮竹笋的时候，如果可以用竹签轻松刺穿竹笋，则说明火候正好。煮好后让整口锅自然冷却到常温，再换上冷水在冰箱中放置一晚。

京都府的长冈京、千叶县的大多喜地区（平泽群落）都是有名的竹笋产地。这两个地方具有海洋黏土层这一共通的地质特征。原本位于海底的地层因为地壳运动露出地面，底层中沉积的泥土就地形成黏土层，并阻断了空气的流通，所以当地的土壤富含矿物质。每年一月上市的京都的毛竹中，雌竹的竹笋被称为"白子"，从笋尖到根部都柔软无比，可谓绝品。在毛竹上市后，毛金竹、桂竹也会先后上市。毛金竹和桂竹不含苦涩成分，所以不需要刻意进行处理。

根据所使用部位的不同，制作竹笋料理的方法可以分为三种：富有韧性的根部可以烤好后抹上味噌（*译者注：日语中把这种吃法称为"田乐"*），或者拿来炖；柔软的笋尖可以和别的食材一起做成一道很是奢侈的煮菜；嚼起来脆脆的笋衣则可以切成细丝凉拌，或者和樱虾一起焖在米饭里。清炖嫩笋可以说是让春天的各种食材汇聚一堂的绝佳搭配。做这道料理时，如果把竹笋煮得太过，味道和香气就会游离到汤里。所以只需在热水中打个转即可。之后加上切成大块的裙带菜，再次稍微加温。因为煮的时间比较短，所以汤的味道应该调得稍浓些。在竹笋的清香和裙带菜轻柔的香气萦绕之间，再加上花椒嫩芽的辛辣气息，可谓是一种最高的享受。竹笋表面甘甜的味噌，可以让竹笋所蕴含的鲜美味道体现得更加淋漓尽致。做竹笋焖饭时，放一些竹笋和油豆腐，或者仅用竹笋，在焖好后再点缀上鱼苗干和三升泡菜（*译者注：用青椒、酒曲和酱油腌制的泡菜*），足以让人吃得停不下筷子。

清炖嫩笋

材料（2 人份）

竹笋（笋尖）………500 克

生裙带菜………250 克

汤汁

　鲣鱼海带上汤………1.8 升

　酒………1 大勺

　浅色酱油………2 大勺

　盐………1 小勺

花椒嫩芽………适量

米糠………30 克

做法

1 把笋尖斜着切下，在尖头切出纵向的切口。在锅里倒入刚好可以浸没竹笋的水，加入米糠后用大火煮。待水沸腾后用小火再煮约一个小时。自然冷却后用凉水将竹笋洗过后去皮。纵向切成适于食用的大小。在热水中轻轻涮掉米糠的味道。生裙带菜切成便于食用的大小。

2 锅里倒入汤汁后加热至沸腾，再放入竹笋，用大火煮。

3 放入生裙带菜，稍稍加热。装盘。最后用花椒嫩芽略加点缀。

味噌烤笋

材料（2 人份）

竹笋（根部）⋯⋯⋯500 克

拌好的味噌

  白色味噌⋯⋯⋯4 大勺

  海带煮出的清汤⋯⋯⋯2 大勺

花椒嫩芽⋯⋯⋯适量

做法

1 用和清炖嫩笋相同的方法煮好竹笋，切成厚约两厘米的片。

2 在小锅中放入白色味噌、海带上汤，用中火一边加热，一边搅拌至黏稠。

3 在竹笋上抹上步骤 2 中调好的味噌，置于铁网上，用大火烤好后装盘。最后放
   上花椒嫩芽做点缀。

豌豆

享受富有弹性的口感

　　嫩绿的青豆其实是完全成熟之前的豌豆。豌豆的特点是富有弹性的口感、穿鼻而出的蔬菜特有的清香和萦绕在舌尖的甘甜。要想充分领略青豆的这些魅力，最好的方法就是用葛根粉给青豆勾芡。咬碎青豆时迸裂出的水分和勾过芡的海带上汤混合在一起，形成一种绝佳的美味。这是葛根粉微微的甜味和青豆清新的甜味完美融合的结果。

　　豆类可以大致分为蛋白质含量高的品种和淀粉含量高的品种。前者包括青豆、大豆、蚕豆、毛豆、花生等。这些豆类口感富有弹性，味道香浓，发酵后可以做成味噌、豆瓣酱。后者包括红芸豆、四季豆和完全成熟的豌豆。这些豆类口感松软，味道也比较清淡。

　　在煮青豆的时候，可以一边煮一边尝，来掌握火候。青豆的皮较硬，如果周围的浓度发生急剧的变化，会让青豆的表面产生褶皱。所以可以把青豆煮软冷却之后，再倒进调好味的海带上汤里，最后用葛根粉给青豆勾芡。之所以用盐而不是酱油给青豆调味，是因为酱油中含有少量的有机酸，会让青豆中惧怕酸性的叶绿素变色。

芡汁青豆

材料（2 人份）

剥好的青豆………100 克

盐………一小撮

煮青豆用的汤汁

　海带上汤………3/4 杯

　芡汁 *………2 大勺

　砂糖、盐………各 1/2 小勺

* 葛根粉 1 大勺加等量的水化开。

做法

1　在煮开的水中加盐，倒入青豆煮至饱满。在冷水中浸泡后撇掉水分。

2　在锅里放入海带上汤、砂糖、盐，倒入步骤 1 中准备好的青豆，浸泡一段时间。

3　用大火加热，煮开后拌上芡汁。

番茄

知其味，用其味

　原产于南美安第斯山脉的番茄是永远渴求阳光的"太阳之子"。葡萄牙人和西班牙人在江户时代把番茄作为观赏植物带到了日本。到了明治年间，番茄开始被作为蔬菜进行栽培。在昭和六十年（1985年）之后的十年间，"桃太郎"这一品种占到了供生吃的番茄的大半。近年来颇受欢迎的是水果番茄和迷你番茄。水果番茄并不是指特定的品种，而是用最低限度的水分和肥料栽培出的，糖度超过8度的番茄。

　要想领略日本高超的栽培技术，最好的办法就是把熟透的番茄切片后佐以食用油、酢橘汁和颗粒较大的盐，一边咯吱咯吱地把盐的颗粒嚼碎一边品尝。不把番茄做成什么特定的味道，而是利用味觉的时间差来感受番茄浓浓的美味。这道简单的料理会让你的口中满是甜美和酸爽。

粗盐番茄

材料（2人份）

番茄（中等大小）………2个

酢橘………2个

盐（结晶盐）………适量

做法

1　把番茄切成片。两个酢橘一个切成薄片，一个切成两半。

2　将步骤1中切好的番茄和切成薄片的酢橘装盘。

3　在番茄上均匀地撒上太白芝麻油和酢橘的汁液，到吃之前再撒上粗盐。

瓜类

在清脆声响的伴奏中享用的夏季美食

在已经非常久远的飞鸟时代（公元592年～公元710年）和奈良时代（公元710年～公元794年），日本人在夏季能够吃到的蔬菜，仅限于瓜类。在漫长的历史中，日本人把瓜类切碎盐腌，或者做成各种熟食来食用。

瓜类品种繁多，最为常见的是白瓜和黄瓜。白瓜质地紧密，纤维比较细腻，瓜类特有的生味也并不明显。脆嫩的口感也是白瓜的优点之一。而青瓜则适于用酒糟或者米糠进行腌制。黄瓜在江户时代传到了日本。黄瓜其实是并未完全成熟的果实，但人们马上就喜爱上了吃起来爽脆可口的黄瓜。黄瓜一旦完全成熟，也会和其他瓜类一样变成黄色。

在挑选瓜类的时候，如果喜欢爽脆的口感，就应该挑选没有完全成熟，个头较小的。如果喜欢柔和的口感，想回避瓜类特有的生味，就应该选择个头较大，已经熟透的。为了体会瓜类特有的富含水分、清爽可口的口感，需要预先用手把果实好好揉捏一遍。在切好的瓜类上撒上盐，用手搅拌均匀，等到盐分渗透，再用力挤压。这时会从瓜里渗出大量的水分，果肉也会逐渐变得透明，变化出难以比喻的绝妙口感。把处理过的瓜类和用水发好的长筒形面筋（*译者注：日语中称为"车麸"*）一起用醋凉拌。面筋质朴的味道和富有弹性的口感能够凸显白瓜的美味，作为香辛植物（*译者注：日语称"药味"*）加进去的青椒则能让整道菜的味道显得更加紧凑。

醋拌白瓜面筋

材料（2人份）

白瓜………2 根

盐………2 小勺

环形面筋……60 克

混合醋

| 米醋………3 大勺

| 酱油………2 小勺

| 鲣鱼海带上汤………1 杯半

青椒（斜切成环形）………少许

做法

1 白瓜削皮后剖成两半，去籽。切成薄片后撒上盐，用手揉搓后，拧掉水分。

2 把长筒形的面筋用水发好后切成四段，挤掉多余的水分。

3 在盆里放入白瓜和面筋，把醋调好倒入。待入味后装盘。最后点缀上切好的青椒。

茄子

劲道的圆茄子和柔软的长茄子

近畿地区和九州地区有着两大截然不同的茄子文化。近畿地区的茄子源自中国和朝鲜半岛，以圆茄子为主。九州地区的茄子则来自日本的南方，长条形的茄子居多。两者的差异巨大，可以看成是两种完全不同的食材。

圆茄子皮薄，肉质紧密且韧性较强。但是种子周围的部分在充分加热后，会变化成胶状物，形成黏稠爽滑的口感。这是圆茄子最值得品味的地方。而且圆茄子不容易煮烂，所以也适于做炸茄子或者炖茄子。我喜欢把圆茄子切成两半做成烤茄子。在做这道菜时，为了防止水分的蒸发和香味的散失，我一定会在断面上抹上一层薄薄的油再烤。

长茄子表皮坚硬、肉质柔软，所以适合做烤茄子。在把表皮烤焦后，趁热撕掉茄子皮是烤长茄子时的基本准则。茄子的芳香全都源自挥发性的物质，一碰到水就会消失得无影无踪。

茄子看上去似乎没有什么特点，但其实是一种很有个性的蔬菜。茄子有它独特的香味，而且有些涩。正因为如此，茄子不管和什么特色鲜明的食材都能搭配得很好。烤茄子和襄荷、姜都很搭配。从阴阳五行的观点来看，凉性的茄子应该和温性的食材调配。烤茄子扑鼻的香味，和

八丁味噌（*译者注：爱知县冈崎市的特产，呈深褐色*）散发出的浓香相得益彰，所以烤茄子适合八丁味噌冲泡的红味噌汤，而不适合白色味噌。

为了消除茄子特有的苦味，可以用油来进行巧妙的调整，或者用较浓的味道来加以掩盖。把茄子用芝麻酱调味或者蘸上味噌来烤，能够让茄子更显香甜，更加刺激食欲。

茄子里含有极少量的生物碱毒素，这一成分给茄子带来了微微的苦味。以大阪的"泉州茄子"为代表的水茄子，是在突然变异后产生的品种，没有普通茄子的苦味和涩口的味道，而且富含水分，表皮较薄，质地也非常柔软，所以最适于生吃。在水茄子上撒上少许盐，用木酢略微腌制一下，再和口感富有弹性、与茄子形成鲜明对照的鲜虾拌在一起，便成为一道难出其右的美味。

茄子味噌汤

材料（2人份）
长茄子………2个
红味噌汤
 ┃鲣鱼海带清汤………2杯
 ┃八丁味噌、白味噌………各1大勺
花椒粉………少许

做法
1 在茄子皮上纵向开出四道左右的切口，将茄子放在铁网上，用中火烤至略微留有硬度。趁热将茄子皮剥掉。
2 将清汤倒入锅中，加热至沸腾后加入搅拌好的味噌调味。
3 将烤茄子置于碗中，浇上步骤2中准备好的味噌汤，再点缀上一小撮花椒粉。

木酢水茄子

材料（2人份）

水茄子………2个

小虾………4只

木酢

　酢橘汁………取3个酢橘榨汁

　盐………1/4小勺

　太白芝麻油………1大勺

做法

1　将不超过十厘米的小虾去头、去肠线。在后背一侧用竹签穿好，过一道热水，置于冷水中。
　去壳，切成长约1厘米的段。

2　将水茄子剥皮，随意切成易于食用的大小。

3　用大碗将虾和水茄子拌匀，用调好的木酢调味，放置两分钟。最后在盘子里高高堆起。

烤茄子拌芝麻酱

材料（2人份）

圆茄子………2个

色拉油………1大勺

拌料

　白芝麻酱………4大勺

　鲣鱼海带上汤………2大勺

　砂糖………2小勺

　酱油………2大勺

　辣椒粉………少许

炒好的黄芝麻……少许

做法

1 切掉圆茄子的蒂，纵向切成4瓣，在断面上抹上色拉油。

2 把切好的茄子排列在铁网上，用小火慢慢烤至表皮焦黄。

3 将拌料搅拌均匀。

4 把茄子和步骤3中的拌料拌在一起，装盘。撒上炒好的芝麻。

辣椒

既是食材，又可调味

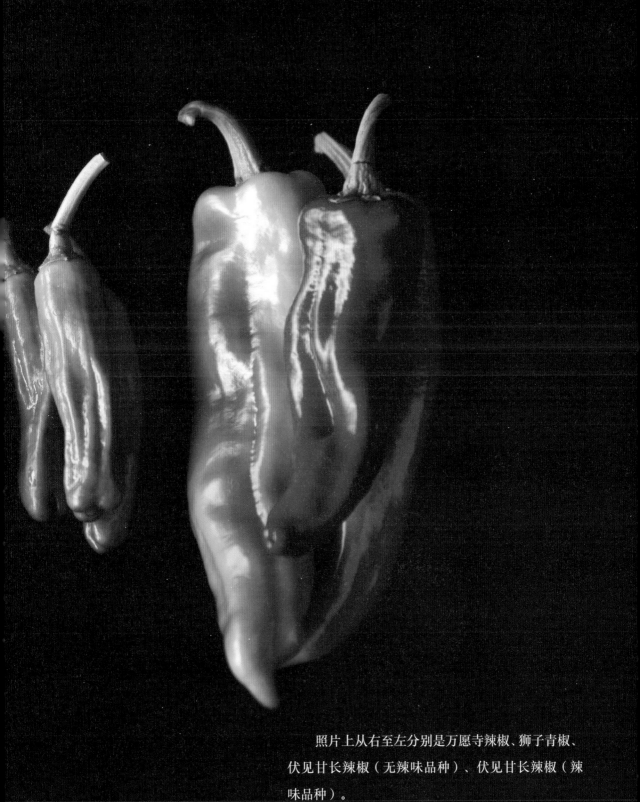

照片上从右至左分别是万愿寺辣椒、狮子青椒、伏见甘长辣椒（无辣味品种）、伏见甘长辣椒（辣味品种）。

烤辣椒

材料（2 人份）

伏见甘长辣椒⋯⋯⋯300 克
鲣鱼干⋯⋯⋯适量
酱油⋯⋯⋯适量

做法

1　将伏见甘长辣椒放在铁网上，用大火把辣椒迅速而均匀地烤好。
2　把烤好的辣椒装盘，堆上一撮刨好的鲣鱼干，滴上酱油。

　　以狮子青椒、伏见甘长辣椒和万愿寺辣椒为代表的没有辣味的辣椒，其实是从具有辣味的普通辣椒品种中，选择发生变异的辣椒培育出的品种。农户把发生变异的辣椒的种子反复进行精心繁育，最终培育出了各种遗传性质稳定的品种。

　　辣椒原产于南美的安第斯山脉。印加帝国曾把它作为武器来使用。当时的人们把晾干的辣椒堆积起来点燃，驱逐领地上的入侵者，保卫自己的领土。哥伦布和探险家皮萨罗认识到了辣椒的价值，把它带回了西班牙，并在荷兰经过改良后传到了亚洲。

　　至于辣椒究竟如何传到日本，众说纷纭。其中的一种说法是，辣椒在奈良时代作为一种宗教器物，和佛教一起从中国传到了日本，之后在日本传播开来，成为日本最具代表性的香辛植物。因此京都伏见地区的辣椒栽培曾经盛极一时。伏见辣椒本来是极辣的品种，但在某个时候，因

烤鸭配辣椒

材料（2 人份）

鸭脯肉………1 块（380 克）

盐………1 小勺

辣椒（无辣味品种）………4 根

酱油………少许

做法

1 在鸭肉上撒上盐，把带皮的一面朝下放在平底锅上，用小火分别把两面烤好。

2 把辣椒切成薄片后去籽，用水漂过。

3 烤好的鸭肉切片装盘，堆上切好的辣椒，再均匀地浇上酱油。

为突然变异产生出了不辣的个体。这就是今天没有辣味的辣椒的祖先。明治以后，日本又从美国和欧洲引进了各种不同的辣椒品种，没有辣味的土产辣椒和彩椒杂交得到的，便是万愿寺辣椒。

虽然被称为无辣味品种，但是因为其祖先和一般的辣味品种一样，都含有辣味成分辣椒素，所以无辣味品种的味道仍然极富特色。即使是少量，也会让人感受到直钻鼻腔的特有气味和淡淡的苦味。虽说不辣，但这些品种仍然是上好的香辛植物。像鸭肉这样个性鲜明的食材，用辣椒的苦味略加调配，就可以让两种食材互相起到扬长避短的作用。此外，伏见辣椒和万愿寺辣椒等果肉肥厚的品种，在烤过之后会更显香甜：用大火把辣椒微微烤过，去掉其生味，再用刨好的鲣鱼干增添些许鲜味，最后用酱油提味。虽然做法极为简单，但个人认为是最佳的吃法。

菊花

菊花有着扑鼻而来的清香。和菊花的清香最相称的，是属于伞形科植物的胡萝卜。将胡萝卜撒盐后揉搓，再用甜醋泡过后，就会产生富有弹性而又爽脆的口感。"菊味胡萝卜"便是这样一道一边感受两者的香味，一边品味其特有口感的料理。在品尝菊花的香味以及花瓣所没有的爽脆口感后，胡萝卜的香甜又会在口中扩散开来。做这道料理的时候，先在大量的热水中加上醋，把菊花放到里面涮到色泽光鲜。因为花瓣很容易就会被热透，所以用热水漂过后，要在冰水中稍稍浸泡一下，让其收缩。受损而变成褐色的花瓣需要无一遗漏地拣出来扔掉。如果在加热的过程中有褐色的花瓣混在其间，就可能会让所有的花瓣都变成茶褐色。

菊味萝卜丝

材料（2 人份）

食用菊花（花瓣）………350 克

醋………2 小勺

胡萝卜………1 根

盐………半小勺

甜醋

　米醋………2⅔ 大勺

　砂糖………1 大勺

做法

1　将食用菊花的花瓣打散，去掉花蕊。

　　在煮沸的水中加上醋，将花瓣微微漂过放到冰水中浸泡，然后撇掉水分。

2　将胡萝卜切丝后撒盐揉搓，拧掉水分。

3　用大碗调好甜醋，加入菊花花瓣和胡萝卜丝搅拌均匀。最后在盘子里高高堆起。

菊花在中国古代被当作长生不老的仙草，被加工成菊花茶、菊花酒、中药饮用。日本人也会在九月九日重阳节这天，享用散发着菊花清香的菊花酒来祈求长寿。这一传统习俗从平安时代一直持续到了今天。食用菊花的种植开始于江户时代。在冬天最早到来的东北地区，十月下旬到十一月这段青黄不接的时间里，菊花会成为蔬菜难得的代用品。而且菊花颜色鲜艳，不管是寿司、凉拌菜，还是醋泡盐腌，都非常适宜。

隐藏在菊花清香中的，是鲜美的味道。我最想向大家推荐的，是用菊花拌出来的醋饭——微甜的醋饭加上煮过的菊花花瓣和一小撮芝麻。凭借菊花典雅的香气和浓重的鲜味，这道看似平淡无奇的料理成为一道无上的素食料理。盛放醋饭的木碗碗盖上描绘着菊花，托盘上则是菊花叶子的图案，让这道料理充满了日本特有的情趣。

重阳菊花醋饭

材料（2 人份）

食用菊花（花瓣）………200 克

醋………1 大勺

醋饭

| 米………360 毫升

| 水………288 毫升（米的 4/5）

醋饭用醋

| 米醋………70 毫升

| 白砂糖………1 大勺

| 盐………1/4 小勺

炒芝麻（黄芝麻）………适量

做法

1 将食用菊花的花瓣打散，去掉花蕊。

　在煮沸的水中加上醋将花瓣微微漂过，在冰水中浸泡后，撇掉水分。

2 在米中加入备好的水，焖成稍硬的米饭。同时把拌醋饭要用的醋调好。

3 把米饭趁热倒入木盆，均匀地洒上调好的醋，用反复从中间切割的动作搅拌。

4 将醋饭盛在木碗中，盖上步骤 1 中备好的菊花，最后撒上炒好的芝麻。

红豆

　　自古以来，红豆赤红的颜色就被当成太阳与火的象征，成了可以驱魔辟邪的食物。原本是在丧葬时食用的红豆饭，出于"转祸为福"的愿望，成为在喜庆时必不可少的一种食物。人们在正月十五日元宵节这一天吃红豆粥，祈求消灾辟邪，在一年中保持健康。日本人把红豆分为颗粒较大的"大纳言"（*译者注：日本古代官制中的官爵名。类似中国官制中御史之类的谏官。基本由出身大贵族的人充任*）和普通大小的"中纳言""小纳言"。朝廷的高官大纳言身为贵族，不存在武士阶层切腹的做法，而红豆皮厚，不容易煮破，而且形状饱满气派，所以被冠以大纳言这一称呼。

　　红豆还有一个有趣的特性——人的身体里蓄积的毒素越多，也就越会觉得红豆好吃，所以在身体虚弱的时候，最适宜用红豆粥来进补。此外，使红豆带涩味的多酚和鞣酸会附着于肉类的脂肪中，让肉吃起来香而不腻（参见99页"红豆炖排骨"）。食材的缺点互相作用，往往会产生出这样令人意外的互补作用。

红豆粥

材料（2人份）

糙米………180毫升

水………1.8升（糙米的10倍）

红豆………30克

盐渍海带………适量

做法

1　将洗过的糙米和红豆放进锅里，加水。用大火煮沸后，调成小火再煮30分钟。等到米粒膨胀裂开时关火。

2　将粥盛到碗中，配上盐渍海带。

马铃薯

让人着迷的松软口感和泥土的芬芳

马铃薯最好的品种当属男爵马铃薯（*译者注：因明治年间的贵族川田龙吉从英国引种而得名*）。时至今日，马铃薯已经繁衍出数百个品种，而男爵马铃薯未被湮灭，正说明了这一品种是多么出类拔萃——男爵马铃薯松软的口感、可口的味道、悠长的回味，都是其他品种的马铃薯所无法比拟的。

在挑选马铃薯时，应该选择芽眼部分外形美观，表皮细腻的马铃薯。如果表皮能看到黑色颗粒，则说明马铃薯来自有害细菌和病虫害较多的土壤环境。马铃薯为了抵御病害，会发动自身的免疫力，味道也就会偏于苦涩。刚刚收获的"新马铃薯"虽然别有风味，但水分偏多，所以马铃薯还是在经过一段时间储存后，味道和香味才会更胜一筹。因此我总会选储藏时间足够长的马铃薯来用。

带皮的马铃薯适于和牛肉一起烹调。牛肉的膻味和马铃薯表皮泥土的味道能够起到互相中和的作用。因此在做土豆烧牛肉的时候，我总会用带皮的马铃薯。在煮马铃薯时，应该在上汤处于常温的情况下开始加热，用中火加热到表皮出现一处开裂时，就说明马铃薯已经完全煮透了。表皮大面积开裂，说明马铃薯已经经过充分的加热，膨胀了起来。如果在这时加入味啉，就不会发生马铃薯被煮烂的情况了。接下来放入牛肉、洋葱，用小火慢慢加热，等到洋葱融化，汤汁呈现亮黄色光泽的时候，就算大功告成了。马铃薯、牛肉、洋葱这三种食材的搭配堪称完美。

土豆炖牛肉

材料（2人份）

马铃薯（小）………6个

切成薄片的牛肉………350克

洋葱………1个

鲣鱼海带上汤………4杯

调味品

味啉、白砂糖、浅色酱油………各3大勺

盐………1/2小勺

萝卜芽………适量

做法

1 仔细清洗马铃薯，彻底洗掉表面的泥土。洋葱则顺着纤维的方向切成薄片。

2 在锅里倒入鲣鱼海带上汤和马铃薯，用中火加热，但要注意不要把马铃薯皮煮破。等到马铃薯煮透后加入调味品、牛肉、洋葱，改用大火，并撇掉从牛肉煮出的浮沫。最后用小火煮至汤汁出现光泽。

3 装盘。最后配上少许萝卜芽。

南瓜

让南瓜充分展现出甘美松软的风味

　日本产的南瓜瓜肉富有黏性，欧洲产的南瓜则更甜，而且口感松软。南瓜在储藏一两个月后风味更佳，所以种植南瓜的农家会把收获的南瓜存放在地窖中，让南瓜进一步成熟。储藏在地窖中的南瓜会散发出热量，使室温上升。为了保护自己，防止有害的细菌从瓜蒂侵入，瓜蒂的质地会变得像软木塞一样，并且异常坚硬。所以在挑选的时候，应该选择瓜蒂足够干燥的南瓜。

　　为了让南瓜的香甜更加明显，煮南瓜的方法应该和煮土豆一样，慢慢加热。南瓜煮透后，需要马上加一些味啉。南瓜皮的生味较重，而且味道特别。所以我一般会把南瓜皮削掉。如果看到削掉皮的南瓜的边角处出现细小的裂缝，就说明南瓜已经被煮得足够松软了。这时再加进猪肉，用小火煮到汤汁出现光泽，就可以装盘了。最后别忘了撒上切好的葱。葱的清爽能和南瓜的松软甘甜形成鲜明的对照，让这道菜更添韵味。

肉末南瓜

材料（2 人份）

南瓜………半个

猪肉末………150 克

鲣鱼海带上汤………2.5 杯

调料

味啉………2 大勺

浅色酱油………2 大勺

盐………1/2 小勺

切好的小葱………适量

做法

1　将南瓜去瓤削皮，切成四等份，并削掉切时形成的棱角。

2　在锅里放入鲣鱼海带上汤和南瓜，用中火加热，注意不要煮沸。待南瓜煮到八成熟时，加入调料和肉末，换成大火，撇掉浮沫。再用小火加热至汤汁出现光泽。

3　装盘。撒上葱末。

胡萝卜

慢慢加热，让胡萝卜显出它的真正韵味

胡萝卜属于伞形科，所以具有非常清新的香气（*译者注：日语称伞形科为"芹"科，故有此说*）。微微煮过的胡萝卜，清香直冲鼻腔。胡萝卜的叶子也气味芬芳。长到不足十厘米时就收获的小胡萝卜的嫩叶，不管是和火腿一起炒，还是煮过后洒上酱油食用（*译者注：日语中称这种吃法为"浸物"*），都同样美味。把切碎的萝卜叶子和干银鱼拌在一起，则是一道下饭的好菜。

其实胡萝卜的魅力还隐藏在更让人不易察觉的地方。花很长时间慢慢烤好的胡萝卜，口感会变得非常松软，略带冲劲的香味也会变成一种仿佛源自大地深处、充满生命力的味道。胡萝卜之所以会在长时间慢慢加热之后产生这样的变化，是因为加热会让胡萝卜的细胞软化，从而让细胞内部的淀粉酶游离到细胞之外，并将胡萝卜所含的淀粉分解成糖分。换言之，花很长时间来烤萝卜，是为了让淀粉酶有足够的时间来发挥效力。"烤整萝卜"便是这样一道用中火花二十分钟将胡萝卜连皮烤熟的料理。吃的时候蘸上用乡村味噌和 XO 酱调制出的独特蘸料。两种个性鲜明的味道融汇到一起，构成了风味绝佳的一道料理。用这种味噌调的蘸料方便实用，在用铝箔烤洋葱的时候也推荐使用。

烤整萝卜

材料（2 人份）

胡萝卜………2 根
色拉油………少许
蘸料
| 海鲜 XO 酱………1 大勺
| 麦曲味噌………1 大勺

做法

1 在带皮的胡萝卜表面涂上色拉油，用铝箔分别包好。放在烤炉中，用中火烤约 20 分钟。

2 蘸料拌好待用。

3 把烤好的胡萝卜从中间剖开，装盘。将调味味噌配在一旁。

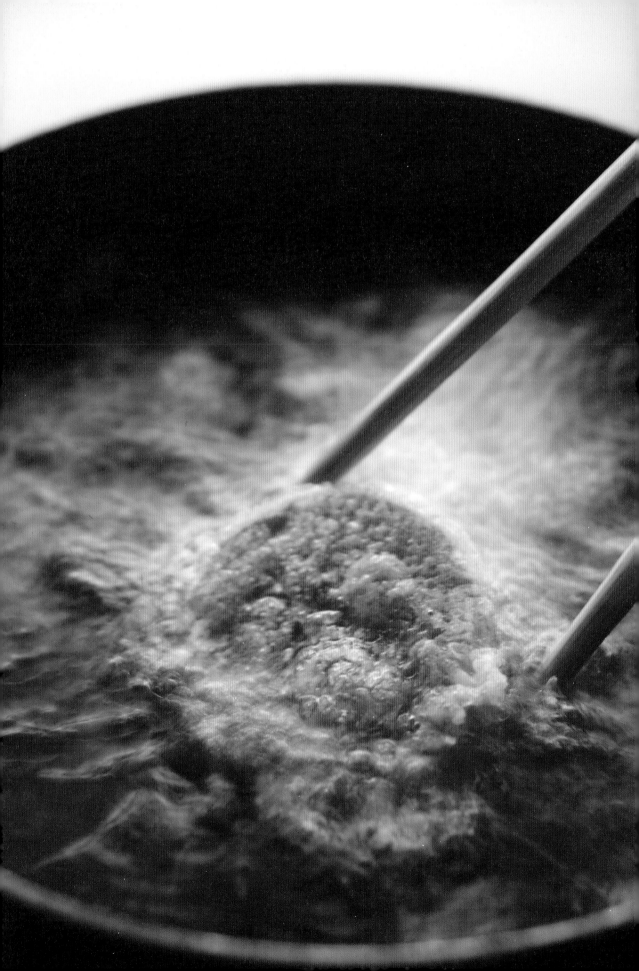

胡萝卜虽然一年四季都可以买到，但个人认为萝卜芯较细，萝卜蒂的周围被阳光晒成绿色并且隆起的胡萝卜更好吃。胡萝卜的鲜香和美味都集中在萝卜芯周围的可食用部分。蓄积在这里的养分通过萝卜芯被送往茎叶，茎叶长成之后便会开花。所以芯较粗的胡萝卜都处在马上将要抽穗开花的状态，吃起来会让人觉得索然无味。

在炸胡萝卜的时候，应该把皮削掉，切成大块，再用适中的温度慢慢炸好。这样就能让胡萝卜的香味和甜味更上一层楼。最后再放上一小撮姜末，就能起到画龙点睛的效果。

油炸胡萝卜

材料（2人份）

胡萝卜………1 根

生姜………1 片

面糊

┃ 低筋粉………150 克

┃ 冰水………1 杯

芡汁

┃ 鲣鱼海带上汤………1.5 杯

┃ 浅色酱油………4 大勺

┃ 溶好的淀粉 *………4 大勺

油………适量

* 将 2 大勺淀粉溶解在相同量的水中。

做法

1 将胡萝卜削皮切成较厚的圆片。生姜磨碎待用。

2 在盆里倒入低筋粉和冰水，轻轻搅拌成面糊。将胡萝卜裹上面糊后在中等温度（170℃）的油中慢慢炸好。

3 在锅里拌好芡汁，用中火加热至有黏性为止。

4 把步骤 2 中炸好的胡萝卜切成易于食用的大小装盘。浇上芡汁，配上生姜末。

萝卜

白色的根茎中蕴含着来自大地的生命力

严寒刺骨的冬天，是享用萝卜蘸味噌的最佳季节。切成段的萝卜在沸腾的水中逐渐变得透明，当可以看到萝卜中的纤维仿佛一朵盛开的白色花朵的时候，就说明萝卜已经被煮得够软了。

红白萝卜丝

材料（2 人份）

萝卜………1/4 根
金时胡萝卜………1/4 根
盐………适量
调味醋
| 米醋、水………各 80 毫升
| 白砂糖………1 大勺
| 盐………微量
香橙皮………少许

做法

1 把萝卜和胡萝卜切成丝，分别加盐后用手揉捏，拧掉水分后掰开，最后把两种萝卜丝拌在一起。
2 把调味醋煮沸一次之后放凉。
3 把萝卜和胡萝卜泡在步骤 2 中备好的调味醋中，待入味后装盘。再点缀上一小片香橙皮。

　　萝卜从它的故乡地中海沿岸出发，经过漫长的丝绸之路，传到中国后，又来到了日本。萝卜之所以在日本获得了像今天这样稳固的地位，一个重要的原因是因为它被融合到了佛教的素食文化中，因而受到了贵族的青睐，在很短时间内，就被推广到了各种日本料理中；另一个原因是深埋在土中的萝卜不容易受到霜冻的危害，所以即使在冬天也可以收获。沉甸甸的萝卜不易搬运，因此萝卜的大规模种植被限制在了大城市周边以及与城市民居邻接的土地上。在江户的龟户、大藏、练马等地区，都孕育出了当地富有特色的萝卜文化。

　　在日本传统的多户住宅"长屋"鳞次栉比的老城区龟户，诞生出了能够在较短时间内收获，

煮萝卜蘸味噌

材料（2人份）

萝卜………半根

海带………适量

味噌酱

　白味噌………150 克

　海带上汤………半杯

炒芝麻（黄芝麻）………适量

做法

1 把萝卜切成厚约三厘米的圆片，切掉厚厚的表皮，削去萝卜片周围的棱角，在一侧切出几条刀口。

2 把海带放入锅中，萝卜片在锅里摆好，加入盖过萝卜片的水。用中火慢慢加热。

3 在小锅里放入白味噌和海带上汤，用中火一边加热一边搅拌至黏稠。

4 将萝卜装盘，盖上调好的味噌，把炒好的芝麻一边用指尖搓碎一边洒在味噌上。

根茎、叶子都可以食用的"龟户萝卜"；在人口众多的世田谷，则出现了质地坚韧，适于长时间煮食的"大藏萝卜"；在低温干燥的大风吹拂的练马，出产上下一般粗细、适于做"泽庵"腌菜的"练马萝卜"； 三浦半岛距离江户的市镇较远，地表由火山灰堆积形成，土地贫瘠，这里出产富含水分，适于用来做正月凉拌萝卜的"三浦大根"。在江户时代，漆器的碗开始得到普及，煮萝卜蘸味噌这种萝卜料理应运而生。漆器的干燥需要温暖多湿的环境，在被称为蒸汽浴室（*译者注：煮萝卜蘸味噌在日语中被称为"风吕萝卜"，故有此说*）的房间中，在炉子上的水盆中放入萝卜的做法，最终演变成了"煮萝卜蘸味噌"这道料理。

深川风味萝卜炒文蛤

材料（2人份）

龟户萝卜 *………1 根

剥好的文蛤………60 克

色拉油………2 小勺

酱油、味啉………各 1 大勺

* 普通的绿头萝卜亦可

做法

1 将龟户萝卜削皮，切成长约 5 厘米的萝卜丝。萝卜叶也切成长约 5 厘米大小。

2 把炒锅中的色拉油烧热，放入步骤 1 中备好的萝卜和萝卜叶，和文蛤一起炒。用酱油、味啉调味。最后在盘子里高高堆起。

　　现在在日本销量最大的萝卜品种是绿头萝卜，这种萝卜的特征是露在土壤外的部分呈现鲜艳悦目的绿色。这个部分是萝卜变得肥大的茎，而长出稀疏根须的部分以及再往下的部分才是萝卜的根。所以有必要认识到萝卜上下部分质地的不同。根部的纤维较多，质地也比较粗糙，味道也相应辣一些。靠上的绿色部分苦味和辣味相对较淡。我比较喜欢偏辣的萝卜泥，所以会用根部来做萝卜泥。上面不辣的部分则炖着吃。另外，挑选萝卜时还应该观察根须的方向：根须纵向排成一条条直线的萝卜，质地会比较细腻。而根须呈螺旋形排列的萝卜纤维会比较粗糙，而且更辣。

萝卜香菇炖猪肉

材料（2 人份）

龟户萝卜 *………4 根

切成薄片的猪外脊肉………4 片

干香菇………4 个

水………1 升

蚝油………1/4 杯

白砂糖、酱油………各 1 大勺

溶好的淀粉 **………2 大勺

* 普通的绿头萝卜亦可

** 将 1 大勺淀粉溶解在等量的水中。

做法

1 将干香菇用水发好。发香菇用的水留下待用。切掉龟户萝卜的叶子和尖端，削皮。将叶子微微煮过。

2 在锅里放入步骤 1 中准备好的萝卜和香菇，倒入发过香菇的水，加热。

3 待到萝卜煮透后加入蚝油、白砂糖、酱油，接着煮至沸腾，再加入芡汁勾芡。

4 最后放入猪肉，像涮锅一样微微加热后装盘。最后配上萝卜叶子做点缀。

　　龟户萝卜肉质紧密、味道浓重，所以和香菇等以鲜味见长的食材搭配，会让它的长处得到进一步发挥。龟户萝卜虽然外形小巧，但表皮却非常厚实，削掉皮后所剩无几。当然做菜时不用太在意这一点，照往常一样把厚厚的皮削下后，切成萝卜丝，用芝麻油炒成金平（*译者注：日本料理的一种做法，把切成丝的蔬菜用砂糖、酱油等炒成的甜辣味道的小菜*），便是一道很不错的料理。深川风味炒萝卜是流传在深川地区的传统江户料理，而深川恰恰是有名的文蛤产地。切得细细的萝卜丝，拌着来自文蛤的鲜美汤汁，轻轻地炒一下，便是一道让你的筷子怎么也停不下来的好菜。

白菜

经得住严寒，所以才更香甜

叶片层层包裹的白菜，可以说是一种深藏不露的食材。即使冬天的寒霜使外侧的叶子枯萎，白菜心仍然富含水分，而且独有风味。白菜特有的风味，来自白菜为了在严寒中保护自己而产生的甘甜成分。在寒冷中感到危机的白菜，会把体内的淀粉转变为糖分，通过提高叶片中糖分的浓度，来使水分具有黏性，所以水分即使在零摄氏度以下也不会结冰。其结果是白菜越是在严寒下坚持，就会变得越发甜美。因此，白菜适合在不过于寒冷，也并不温暖、不积雪却会结霜的地方栽培。

白菜同时还具有非常鲜美的风味。白菜的鲜味来自谷氨酸，其含量是番茄的四倍。论鲜味，白菜就好像是陆地上生长的海带，所以哪怕是做成锅子，也只需用尽量简单的方法来做。最适合白菜的是味道香浓但澄清的汤汁。例如用鸡骨架煨出来的鸡架汤。用大火快速加热，等到白菜变得半透明，白菜的轮廓也开始显得圆滑柔美的时候，放盐调味，再放上一小块红辣椒酿制的味噌做点缀。这道"鸡汤白菜"虽然做法极其简单，但味道、口感、回味三全其美：先有鸡汤醇厚的味道在嘴里蔓延开去，然后是咀嚼白菜时清脆的口感和直蹿鼻腔的清爽香味，鲜美的汁液也会随之流淌而出。吃第二口时，再加上红辣椒味噌的香辣，会让人忍不住一口气吃个精光。

鸡汤白菜

材料（4 人份）

白菜………1 棵

鸡骨架清汤 *………6 杯

盐………2 小勺

红辣椒味噌 **………适量

* 参见 115 页。也可以使用市面出售的一般汤料。

** 将红辣椒磨碎，加上盐、曲、柚子等发酵制成。

做法

1　将白菜纵向切成八等份，排列在大锅中。加入鸡骨架熬出的清汤，
　　用大火加热。

2　待到白菜煮透后，加盐调味。装盘，配上红辣椒味噌用作调味。

卷心菜

甘甜温馨的卷心菜让人想起妈妈的拿手菜

　卷心菜包含着日本人满满的回忆。那是记忆中母亲亲手做的家常菜的味道。看到卷心菜味噌汤的雾气，就能让人马上想起卷心菜甜甜的香味和温馨的味道。卷心菜和白菜一样，都以强烈的鲜美味道著称。有一种说法是：春天收获的卷心菜适合生吃，冬天收获的卷心菜适合煮食。但我觉得正相反。春季的卷心菜水分充足，甘美的味道也并不过于突出，所以和上汤的味道很搭配。而冬季卷心菜即便切成丝，仍然同样鲜美，味道也比较浓郁。是吃炸猪排时不可欠缺的配菜。

　"卷心菜焖米饭"非常适合用蔬菜上汤（参见115页）来做。把蔬菜的边角料烤过之后熬制的蔬菜上汤浓缩了蔬菜的鲜美味道，但却失去了蔬菜特有的清香。这时加上卷心菜的香味，就能让卷心菜的优点显得更加突出。

卷心菜焖饭

材料（便于制作的份量）

米………360 毫升

卷心菜………1/4 棵

薄片油豆腐………1 张

蒸饭用汤汁

　蔬菜清汤………约 360 毫升

　盐………1 小勺

　酱油………1/2 小勺

花椒嫩芽………适量

做法

1　将米洗净后浸泡在水中，然后捞到簸箕中去掉多余的水分。

2　将卷心菜切成大片，油豆腐切成长条形待用。

3　在电饭煲中倒入事先准备好的汤汁、米、油豆腐和卷心菜，按照平时的习惯把饭焖好。

　*根据电饭煲里的刻度调整蔬菜清汤的量。

4　米饭焖好后搅拌一次，再焖一段时间。最后盛在饭碗中，配上花椒嫩芽。

菠菜

猪肉的好搭档

菠菜是一种很有特色的蔬菜。虽然现在一年四季都能买到菠菜，但是风味最佳的应该还是严冬时节上市的根部呈红色的菠菜。菠菜分为西洋品种与东洋品种两种。叶片呈圆形且比较厚实的是西洋品种。叶片边缘呈锯齿形，根部为粉红色的是东洋品种。东洋品种没有什么涩味，比较甘甜。虽然现在市面上销售的菠菜基本上以两个品种的杂交种为主，但还是应该选择叶片的锯齿较明显的品种。

据说北大路鲁山人在中国旅行时，吃到一种火锅。从太阳落山一直吃到深夜，仍然觉得意犹未尽，"宵夜锅"因而得名。我觉得火锅是能够最大限度地品味食材鲜活程度的吃法。将食材放进火锅，待到烫熟后捞起，马上送入口中。虽然是极其简单明快的吃法，但也没有了对食材的缺陷进行掩饰的余地。所用的食材也仅仅是菠菜和猪外脊肉这简简单单的两样东西。味道浓重的菠菜和鲜美的猪肉的组合堪称完美。而让这两种食材更加完美融合的，则是酒。酒可以看作是源自大米的极品上汤。在水中加入等量的酒，再放上一小撮盐，加热至沸腾，待酒精成分蒸发掉之后，放入猪肉。猪肉借助酒的力量消除了油腻和膻味，并且同时带上了酒特有的醇香。菠菜的根鲜美且富含营养，所以应该连根下锅。烫好的猪肉和菠菜在吃的时候应该用酱油调味，而不是苦橙汁酱油。酱油的鲜味能够让整道料理的风味更显和谐。

宵夜锅

材料（2人份）

切成薄片的五花肉………300 克

菠菜………1 把

火锅汤底
  酒、水………各 2.5 杯
  盐………1 撮
酱油………适量

做法

1 将菠菜上的泥污洗净，不要揢掉菠菜根。

2 在锅里加入酒、水、盐，煮开一次，使酒精成分蒸发掉。

3 将猪肉和菠菜在煮沸的步骤2中涮到变软后放入器皿中，一边点上酱油一边享用。

小松菜

在东京感受江户

在已然过去的江户时代，小松川村（现在的东京都江户川区）出现了这样一种生长在长屋后院的绿色蔬菜。它使众多老百姓的餐桌能够得以为继，却没有一个像样的名字。据说德川幕府的第八代将军德川吉宗在放鹰打猎之余来到这座村庄，用膳时吃到酱油汤里的这种绿色蔬菜，觉得美味异常，于是用村庄的名字将其命名为"小松菜"。"御关晚生"是从江户时代初期一直延续至今的品种，它不同于现在市面流通的其他品种，菜梗较短，叶片宽阔厚实，一直延伸到菜梗的根部。市面上常见的小松菜是和中国蔬菜杂交出来的品种，我觉得风味略显不足。不管哪种小松菜，都应该挑选菜梗较粗，叶片肥厚且接近圆形的来用。

小松菜的鲜味即使在十字花科蔬菜中也属出类拔萃。因此仅用盐、味噌、酒简单地调一下味，做成汤饭或者青菜豆腐粥（参见 105 页），就足以让人感受到小松菜十足的韵味。

汤饭

材料（2 人份）

小松菜………2 棵

乡村味噌………3 大勺

米饭………200 克

水………2.5 杯

做法

1　把小松菜切成 1 厘米长大小。

2　在锅底涂满味噌，用小火干烧，注意不要把味噌烤糊。把米饭用水淘过之后，和备好的水一起倒进锅里，用大火加热。

3　煮开后加入小松菜，让锅再沸腾一段时间，稍加搅拌后出锅完成。

海带

鲜嫩柔软的海中蔬菜

我们要说的不是用来做上汤的干海带，而是在成熟之前采摘的所谓"棹前海带"。海带会在七月至十月之间长到最大，所以一般都会在这段时间内采摘海带。棹前海带鲜嫩柔软，渔民们又称之为新海带或青海带。在北海道和东北地区，一直就有把棹前海带当成蔬菜食用的饮食文化。超市里卖的海带丝，其原材料也正是这种海带。相比普通海带的鲜美味道，品尝棹前海带更多的是为了享用它那特有的口感和香味。

从北海道南部到三陆沿海（*译者注：宫城、岩手、青森三县的沿海地区*），就一直流传着这样一种乡土料理——鳕鱼子炒海带。其做法极其简单，只需把海带和味道鲜香、富有回味的鳕鱼子炒在一起即可，但却有一种让人停不下筷子的独特魅力。和北陆地区有着频繁文化交流的其他地方，也流传着许多使用海带丝的料理。千叶县佐原过去是东北地方伊达藩的大米集散地，城镇因此而繁荣。这里正月时吃的煮年糕，就是用酱油调味的海带丝煮年糕：把海带丝放进调成酱油味的鲣鱼海带上汤中，使这道煮年糕同时融合了蔬菜和上汤的风味。最后再加进烤得香喷喷的年糕，便可以大快朵颐了。海带丝背后的料理文化着实耐人寻味。正因为它是一种很单纯的食材，所以更能折射出其背后的文化背景。

鳕鱼子炒海带

材料（便于制作的量）

海带丝………300 克

鳕鱼子………2 条鱼的鱼子

调味汁

| 味啉………1 大勺

| 浅色酱油………1 小勺

芝麻油………1 大勺

做法

1 海带丝切成适中的长度，鳕鱼子打散，去掉裹在鱼子外面的薄膜。

2 用芝麻油润锅后大火炒海带丝和鳕鱼子，用味啉、浅色酱油调味。最后在器皿中高高堆起。

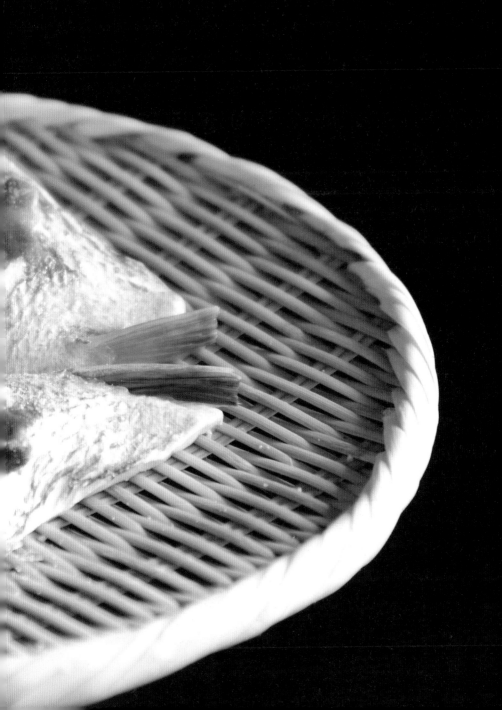

鱼类、贝类、肉类、豆腐

鲷鱼

领略白色鱼肉中蕴含的雅致风味

说起食用鱼中的佼佼者，自然是鲷鱼。鲷鱼产卵之前的三月、四月，正好是樱花盛开的季节，这时捕捞的"樱鲷"虽然也是上佳的食材，但我对一月下旬到二月之间捕捞的鲷鱼情有独钟。这段时间的鲷鱼在严冬的惊涛骇浪中顽强地游弋，身体里蓄满了脂肪。相比海水的中间层，鲷鱼更倾向于在接近海底的水层中栖息，因此在冰冷阴暗而且海流强劲的地方，鱼肉才会更加细致紧密。而人工养殖一般是在接近水面的地方进行，比较容易受到阳光的照射，而且水温偏高，这些都会影响到鱼肉的质地。

如果把新鲜的鲷鱼切成生鱼片来吃，会发现并没有什么特别的味道。除了富有弹性的口感和清淡的口味，谈不上有什么美味。但如果把鱼顺着鱼骨切成左、中、右三片，撒上盐放上一晚，就会变得美味异常。用海带夹起来存放过后的鱼肉也会别有风味。这是因为鱼会在死后的几十分钟之内变得僵硬。而只有在僵硬解除，鱼肉重新软化的时候，鱼身体里蕴含的鲜美味道才会被释放出来。所以鲷鱼需要在入手之后放上一晚。撒上盐则是为了让鱼肉中多余的水分渗出，使鱼肉的质地更显紧密，鲜美的味道也会更加突出。

"白汁鲷王"是体现了北大路鲁山人与我们松本家关系的一道料理。将鲷鱼的鱼头从中间剖开，浸在酒中用大火一口气煮开——虽然做法极其简单，但却能让鲷鱼甘美的香味在酒这一来自大米的精华中展现无遗。因为清酒也有甜甜的香味，所以会将鲷鱼的风味包裹其间，妙香四溢。而这时成为点缀的，则是混合好的醋和酱油。把鲷鱼放入澄清透明的酒中，会微微泛出白色的浑浊，白汁鲷王的名称由此而来。得益于鲷鱼的鲜美，这款料理的汤堪称极品。

白汁鲷王

材料（2人份）

鲷鱼头………1个

汤汁

> 盐………适量
> 酒………2杯

醋拌酱油

> 米醋………2大勺
> 酱油………2大勺

做法

1 将鲷鱼头从鱼嘴切成左右两半。多撒上一些盐，在冰箱的冷藏室放置一晚。在热水中漂过后浸在冷水中，去掉鱼鳞等多余的东西。

2 将鲷鱼放入锅中，倒入酒后加盖，用大火快速地蒸煮。

3 装盘，配上调好的醋拌酱油。

　　从鱼头到鱼皮全都鲜美无比的鲷鱼，也可以做成炖鱼或者香煮，这样就可以毫不浪费地把整条鱼享用个干净了。

　　不单单是鲷鱼，无论炖什么鱼的时候都应该用大火一口气把鱼做好。如果汤汁太多的话，会让鱼在锅里因为蒸汽而翻腾，导致鱼身破碎，所以汤汁的量应该保持在刚好浸没鱼身的三分之二。在鱼身上盖上一个小盖子，用大火产生的蒸汽焖鱼，就能去掉鱼的腥味。等到汤汁减少到只能浸没鱼身三分之一的时候，鱼身就会露出诱人食欲的光泽。炖鱼的时候不应该用高温来使鱼肉质地紧密，而应该靠汤汁的浓度来让鱼肉收缩，使鱼肉外焦里嫩。

红烧鲷鱼

材料（2 人份）

鲷鱼………1 条（1.5 千克）
汤汁
　酱油………5 杯
　酒、味啉………各 2.5 杯
　粗白砂糖………500 克

做法

1 去掉鲷鱼的鳞片和内脏，在鱼身的两个侧面各开出一道切口。

2 将鲷鱼放入较多量的沸水中微微加热后，置于冷水中，将剩余的鱼鳞以及呈暗红色的鱼肉剔除。

3 将汤汁倒入锅中煮沸一次，鲷鱼拭去水分后放入汤汁中。在鱼身上盖上一个小锅盖，用大火在短时间内将鲷鱼烧好。最后把鱼和鱼汤一起装盘。

在"香炖花鲷"这道料理中，从蔬菜的边角料中熬出来的蔬菜上汤（参见115页）和鲷鱼鱼汤融合在一起，造就出一种非常平和与闲适的风味。蔬菜上汤为碱性，所以和呈酸性的鱼汤融汇在一起，在味觉上会显得十分和谐。又因为用了较多的油，在油和水的温度差的作用下，鱼肉会蓬松柔软。最后再加上辣油作为点缀——香浓而爽口的味道会让人按捺不住食欲。

香煮花鲷

材料（2人份）

黄鲷＊………1条

盐………少许

大葱………2根

汤汁

　蔬菜上汤………5杯

　盐………1.5勺

　酒………1大勺

　酱油………1小勺

太白芝麻油………1杯

辣油………1小勺

＊也可用其他鱼肉呈白色的鱼类，或者切好的鱼块。

做法

1　去掉黄鲷的鱼鳞和内脏，并在鱼身上切出刀口。在整条鱼的表面撒好盐，用厨房纸巾包好，在冰箱冷藏室中放置一夜。

2　将汤汁倒入锅中加热，沸腾后放入步骤1中准备好的鱼。鱼熟透后，再放入切成1厘米长短的大葱和太白芝麻油、辣油，用小火加热使鱼入味。

3　将鱼装盘，并浇上大量的鱼汤。

香鱼

彻底品味香鱼的美味

香鱼真的是一种很高雅的淡水鱼。鱼如其名，这种鱼的香味可谓上乘。个人认为香鱼长到大约两寸（约6厘米）到两寸半，开始啄食水中石头上的苔藓时，尤为鲜美。成鱼则以长得并不过大，身长五寸以下的为佳。这般大小的香鱼，还能勾起童年在河中嬉戏的回忆。在暑气尚存的季节，香鱼会在腹内满嘟嘟地怀上鱼子。这时鱼的肉质会变得粗糙，上好的风味也消失殆尽，但鱼子的浓香却又会成为另一个亮点。

香鱼会在刚入秋时在河流的中游产卵，孵化出的小鱼顺流而下，在海中栖息到第二年春天，并在初夏时节洄游到出生的河流中。一生都在湖中度过的琵琶湖等地的香鱼，体长不会超过十五厘米。但一旦放到河流中，会在转眼之间迅速地长大。因此香鱼的肉质会因为生长环境的改变而发生巨大的变化。在急流险滩长大的香鱼外形优美、肉质紧密、香味浓郁。香鱼的美味还来自它那微苦的肝脏。另外背部靠近头部的鱼肉也富含脂肪，美味绝佳。因此香鱼适合把整条拿来抹盐烤着吃。顺着从尾巴到头的方向吃下去，应该最能品味到香鱼的鲜美。

我喜欢"青竹烤"这种做法。把翠绿的竹子纵向剖开，放入香鱼，在铁网上用微火烤到竹子的颜色变得焦黑。竹子的味道和香气会渗透出来，和香鱼的美味完美地融合在一起。

青竹烤香鱼

材料（2人份）
香鱼………2条
粗盐………适量
酸橘………1个
水蓼………适量
有两段竹节的青竹………1根

做法
1 选择肉质紧密的香鱼，撒上粗盐，另在鱼鳍等部位抹上盐。
2 将青竹纵向劈开，把香鱼放进竹节之间后重新合上，用铁丝绑定。放在铁网上，用微火烤至青竹焦黑。
3 解开铁丝，将青竹打开后装盘。配上水蓼和酸橘等调味品。将水蓼作配菜和香鱼一起享用。

金枪鱼

金枪鱼的美味全在那红色的鱼肉

说起金枪鱼，自然不能不提天然金枪鱼——"本鲔"。其中又以重量超过 30 千克，经过长时间洄游的金枪鱼最为理想。金枪鱼的美味全都浓缩在它红色的鱼肉中：纤细致密的鱼肉中密布着脂肪形成的白色条纹，因此在红色鱼肉特有的鲜味之中，同时具有油脂的浓香，可以说是别有风味。和人工养殖的金枪鱼不同，天然金枪鱼的鱼肉不会在口中自然地融化。人工养殖的金枪鱼中，唯一让我觉得满意的，是近畿大学水产研究所开发的"近大金枪鱼"，但也仍不及天然金枪鱼。本鲔含有大量的鲜美成分肌苷酸，因此不需要别的食材的辅助，单凭其自身的美味就能自成一体。但因为金枪鱼运动量较大，所以乳酸含

香辛蔬菜凉拌金枪鱼

材料（2 人份）

金枪鱼（生鱼片用）………130 克
襄荷（切丝）………2 个
大葱（切成细丝）………1/4 根
炒芝麻（白芝麻）………少许
芥末酱油
| 酱油………1 大勺
| 芥末………1 小勺

做法

1 将金枪鱼切成块，拌上酱油，放置一段时间。等到鱼肉表面变色，加入襄荷拌匀。

2 装盘。把切成细丝的大葱高高地堆在金枪鱼上，最后撒上用手指揉碎的炒芝麻。

量较高，会让鱼肉略带酸味。同时金枪鱼会在体内蓄积较多的氧元素，所以体内的铁分也比较多，吃起来有时会感到一股铁锈味。

为了充分享用本鲔的美味，首推用酱油渍过的生鱼片。酱油所含的蛋白酶会分解金枪鱼肉的表层，带来爽滑的口感。而切成细丝的大葱以及芥末这些碱性较强的调味品，则可以缓解鱼肉的酸味和铁味。另外需要强调的是，在食用鱼肉为红色的鱼类（*译者注：日语中把这类鱼统称为"赤身鱼"*）时，用山葵来调味就显得有些外行了。山葵直冲鼻腔的痛快辣味和金枪鱼的酸味混合在一起，反而会凸显鱼的腥味。此外赤身鱼应在常温下食用，低温食用会让鱼肉的香味不能充分挥发出来。没有完全长成的本鲔以及味道淡雅的短鲔，则可以用海带夹起来预先处理一下，补充一些鲜味。

海带包金枪鱼

材料（2人份）
金枪鱼的幼鱼（生吃用）………180克
盐………适量
利尻海带………1张（40厘米）
香橙皮………少许

做法

1 在托盘上铺上厨房用纸巾，撒上盐，将金枪鱼置于其上。撒上少许盐，盖上厨房用纸巾，在冰箱冷藏室中放置一晚。

2 将海带在水中涮过后甩掉水分，放置一段时间，直到海带变得柔软。

3 拭去金枪鱼表面渗出的水分，用海带将鱼肉卷起来，再用保鲜膜包好，避免与空气接触。在冰箱的冷藏室中存放两到三天。

4 切成方便食用的大小，装盘。最后点缀上香橙皮。

秋刀鱼

到了秋天，秋刀鱼的嘴变成黄色，眼睛周围也仿佛描上了浅蓝色的眼影，胸鳍周围开始变得肥厚，体型也开始变得圆润起来。秋刀鱼在夏季从鄂霍次克海开始南下，在北海道至三陆近海的海域享用丰富的食物。等到秋天经过铫子（译者注：千叶县东北部）近海时，秋刀鱼的身体里已经蓄积了大量的脂肪。秋季的秋刀鱼能否做得好吃，全取决于如何把它的脂肪处理好。秋刀鱼味道鲜美、香味浓郁，所以只需撒上盐烤熟就足以使人垂涎。如果把秋刀鱼分解成三片，卷在大葱上烤至焦黄，做成"秋刀鱼卷大葱"，就更能让人食指大动了。包裹在秋刀鱼油脂中的大葱，在半蒸半烤下会处于接近真空的状态，产生宛如蜜糖般甜蜜的味道。而秋刀鱼脂肪的腥味，也会被大葱的香味所掩盖。这两种食材算得上是极理想的搭档。最后再配上腌梅子、香橙辣酱（译者注：日语中称"柚子胡椒"）和芥末酱。在感觉油腻的时候，就着吃一点腌梅子，并相应地少放一点盐就可以了。

秋刀鱼富有个性的脂肪，需要用大葱来点化

秋刀鱼卷大葱

材料（2 人份）

秋刀鱼………2 条
盐………适量
大葱………1 根

做法

1 将秋刀鱼分解成三片，撒上少许盐，放置三十分钟。
　把大葱切成四段，顺着纤维的方向，从两端开出一道切口，两道切口互成九十度。

2 擦掉秋刀鱼表面多余的水分，在鱼肉的内侧摆上大葱，从一端呈螺旋状卷起，并用牙签固定。

3 将卷好的秋刀鱼放在事先加过温的铁网上，用中火慢慢烤好。装盘。最后根据个人喜好配上腌梅子、洒上柠檬汁。

比目鱼

把泥腥味变成悠长回味的诀窍

全世界的海洋中游弋着一百种以上的比目鱼，日本近海分布有其中的四十种。在北海道、岛根县、兵库县、鸟取县、青森县都能捕到比目鱼。产地不同，捕获的种类与最佳的时令也各有不同。比目鱼白色的鱼肉味道淡雅，肉质紧密，因此可以切成薄薄的生鱼片，来享受那富有弹性的口感。而一经加热，比目鱼的肉质又会变得蓬松柔软，比目鱼堪称炖、炸、烤皆宜的食材。鲆和鲽（比目鱼）的形状类似，可以用"左鲆右鲽"来大致区分。也就是说当腹部朝下时，眼睛在右边的是比目鱼。

因为比目鱼生活在海底，所以会有一股特殊的泥腥味。虽然有这样的不利因素，但我们只需把泥腥味转变为悠长的回味就可以了。我最喜欢的比目鱼料理是用带鱼子的比目鱼做的烤鱼。"尖吻黄盖鲽"和"钝吻黄盖鲽"在产卵前，肚子里会装满多得超乎想象的鱼子，其黏滑的口感也是其他种类的鱼子所无法比拟的。在1∶1勾兑的酱油和酒中加上花椒粉，将比目鱼浸泡上一个小时，再用中火把鱼皮烤得脆脆的，这道美食就算是完成了。酒会消除鱼的腥味，酱油和花椒的香味融合在一起，鱼肉则是外焦里嫩。其风味远胜炖鱼。

椒香比目鱼

材料（2 人份）

带鱼子的比目鱼………2 大块
泡鱼用的调味汁

| 酱油、酒………各 2 大勺
| 花椒粉………1 小勺

做法

1 把比目鱼浸泡在调好的调味汁中大约一个小时。
2 除去鱼肉表面多余的调味汁，放到事先加温好的铁网上，用中火慢慢将两面烤熟。

鳟鱼

浑圆的身躯中蕴含着浓浓的美味

鳟鱼和三文鱼从生物学的角度来说是同一种生物，不过因为捕获的时机和生长的程度不同，而被冠以不同的称呼。基本上把迎来了产卵期，在秋季洄游至海岸附近的"秋鲑"称为三文鱼，除此之外的则称为鳟鱼，以示区别。在日本的河流中出生的鳟鱼会游向海洋，绕过堪察加半岛和阿拉斯加近海，在经历四年的时间后回到出生的河流。三文鱼中比较特殊的是"鲑儿"和"时不知"。在黑龙江出生的幼年鲑鱼，会在鄂霍次克海和朝着日本方向洄游的三文鱼鱼群交错而过，这时还没有发育成熟却误入产卵鱼群的鲑鱼，便是"鲑儿"。而把季节搞错，在春季、夏季就洄游到近海的三文鱼，则被称为"时不知"。无论是以上提到的哪种三文鱼，相比即将产卵的成鱼，这些在近海捕到的幼鱼的肉质都要更加柔软。

在种类繁多的鳟鱼中，最为日本人所熟知的是"山女鳟"这一品种。"山女鳟"又可分为"琵琶鳟""樱鳟""皋月鳟"等种类。从河流进入海洋或湖泊的鳟鱼，为了在秋天产卵，会在樱花或者皋月杜鹃开放的时候开始逆流而上。并不进入海洋而一直在河流中生活的鳟鱼被称为"山女鱼"。鳟鱼根据其生长的环境，体色和风味都会有所不同：在北太平洋成长的鳟鱼捕食甲壳类动物和鱿鱼，所以周身发红；而在琵琶湖等湖泊中成长的鳟鱼因为以小鱼为食，所以味道偏清淡。

"山女鳟"的洄游周期大约为三年，较三文鱼的洄游时间要短，所以肉质也更加纤嫩柔软。松软的口感、出入于鼻息之间的清香、在嘴里扩散开去的香甜味道——为了让鳟鱼的这些优点得到充分发挥，先泡再烤是最佳的选择。正确的做法是将切好的鱼肉浸泡在调味汁里，在饱含佐料、完全入味的情况下，再把鱼肉烤至松软。或者一边刷佐料一边把鱼肉烤透。最后再配上散发着初夏特有的清新香味的绿色香橙，就更能让人感受到四季推移变迁的情趣了。

日语中"鲑"字有"sake""syake"两种念法：人们把加工之前的三文鱼称为"sake"，经过加工或者已经被做成料理的三文鱼则称"syake"——这是日本人下意识地把鲜活的食材和加工好的食品加以区分的一个例子。

烤鳟鱼配绿橙

材料（2人份）

山女鳟………1条（切成段）

浅色酱油………2大勺

味啉………2大勺

绿色香橙………适量

做法

1 去掉山女鳟的鳞和内脏，切成长约五厘米大小。

2 将切好的鱼肉在酱油、味啉中浸泡一段时间，再放在铁网上用中火烤。

3 装盘。最后将绿色香橙的皮刮成碎屑撒在烤好的鳟鱼上。

鲱鱼

鲱鱼是日本北部具有代表性的鱼类。在北欧各国、德国、俄罗斯，一年四季都能吃到鲱鱼。但是在日本，只会在每年冬天到第二年春天这段时间内，在新潟县以北的日本海和北海道周边的海域进行捕捞。鲱鱼变质极快，所以很少能看到鲜鱼出现在市面上。日常生活中更容易看到的是干鲱鱼或者鲱鱼的鱼子。但是除了东北地区和关西地区出身的人之外，很少有人知道干鲱鱼的吃法。

花椒腌鲱鱼是会津地区（*译者注：福岛县西部*）的传统料理。远离海岸线的会津地区继承有许多自古以来的干鲱鱼料理。还记得我在第一次吃到这道菜的时候，曾经不由得感叹干鲱鱼竟然可以做成如此美味的佳肴。鲱鱼为了在寒冷的海洋中生存，在身体中蓄积了大量的脂肪，而这脂肪的味道也是非常独特。利用花椒果实强烈的香味消除鲱鱼特殊的油腥味，而三杯醋则和鲱鱼的油脂融合在一起。整道料理仿佛一大碗可以直接食用的香浓沙拉酱，让人忍不住在转瞬之间就把它吃个干干净净。

再介绍一道我常做的鲱鱼料理：把鲱鱼干和青椒切成丝，加上酱油，拌到一起，完成。这是一道做法极简单却极佳的料理。这道料理在充分理解食材特性的基础上，把鲱鱼特殊的味道和同样个性鲜明的青椒组合到了一起。这一事例说明只要能把握住食材的特性，就能做出崭新的美味佳肴。

花椒腌干鲱鱼

材料（2 人份）

较软的干鲱鱼………2 块
花椒果实 *………30 克
甜醋
| 米醋………5 大勺
| 白砂糖………2 大勺
| 盐………少许

* 也可以用盐腌的花椒果实，去掉盐分后待用。使用时就不需要在甜醋中加盐了。

做法

1 用锅将水煮沸，放入花椒果实继续煮。等到再次沸腾后把水倒掉，重新加水再煮。把这个过程重复约五次，以去掉花椒果实的苦涩味道。

2 调好甜醋待用。

3 在托盘中把山椒果实和甜醋拌好，浸泡干鲱鱼大约四天时间。

4 把鲱鱼和山椒果实一起装盘，完成。

鱿鱼

肉有滋味，皮有鲜香

鱿鱼是做寿司很常用的材料之一。但相比生吃，我还是更喜欢吃做熟的鱿鱼。加热过的鱿鱼越嚼越香，越嚼越有回味。市面上常见的太平洋褶鱿鱼软硬适中，味道鲜美，香味浓厚。这种鱿鱼会在夏天捕食大量的小鱼，在体内蓄积丰厚的脂肪，所以夏季上市的鱿鱼风味最佳。而让我认识到鱿鱼的香味其实源自它的表皮的，是我家从曾祖母那一代传承至今的家常料理——鱿鱼炖豆腐。

这道料理的做法平淡无奇：把鱿鱼连皮一起切成环状，再用调成甜辣味道的上汤和豆腐一起煮。简简单单，但却让人觉得回味无穷，下酒下饭皆宜。有一次我把鱿鱼的表皮剥掉以后再做这道料理，马上觉得味道大打折扣。那时所欠缺的，正是鱿鱼表皮的滋味。只有连皮一起煮，鱿鱼独特的风味才会在汤里全部展现，而把这个性鲜明的汤汁全都吸取于一身的，则是豆腐。最后再给浓重的甜辣味道配上一点点姜丝和芥末。如果时值暮冬，肚子里满是鱼子的褶鱿鱼同样是极佳的食材。鱿鱼如果煮得太过，肉就会收缩而韧性有余，所以应该用大火一口气煮好。但短时间的加热不足以让汤汁的鲜美味道充分渗入豆腐，所以可以用片栗淀粉或者葛根淀粉稍稍勾芡。

鱿鱼炖豆腐

材料（2 人份）

北豆腐⋯⋯⋯1 块

鱿鱼⋯⋯⋯1 条

生姜⋯⋯⋯1 小块

汤汁

| 鲣鱼海带上汤⋯⋯⋯2.5 杯

| 酱油⋯⋯⋯4 大勺

| 白砂糖⋯⋯⋯1 大勺以上

芡汁 *⋯⋯⋯2 大勺

* 将一勺淀粉用等量的水化开。

做法

1 去掉鱿鱼的触须和内脏，用水充分洗净后切成环形。

2 将豆腐切成六等份，生姜切成姜丝待用。

3 在锅里倒入汤汁，用大火加热。待到沸腾，将芡汁均匀地倒入，再放入豆腐和鱿鱼稍稍煮过。装盘，盖上一撮姜丝。

虾

虾的品种不外乎对虾与甘虾。对虾的肉富有弹性，加热后更显鲜美。而甘虾因为含有较多的水溶性蛋白质，所以口感富有黏性，味道甘美，很多人会选择生吃。但是我仍然倾向于煮熟后再吃。

以前曾有幸在北海道积丹半岛的渔民家里品尝到"海水煮甘虾"这道料理。虽然不过是用海水煮熟的甘虾，但微微吮吸虾的头部，虾黄和海水混合而成的极品汤汁便会流淌而出。然后再拈着虾尾扔进嘴里，大快朵颐。如果是在普通家庭里，则可以在和海水浓度相当的盐水中加入少量的酒来煮虾。在盐水沸腾的时候将甘虾一股脑地倒入，看准鲜虾身体蜷曲起来的瞬间，将其捞起——这种半生半熟的味道实在是妙不可言。

热乎乎的美味，让人停不下手

海水煮甘虾

材料（2人份）

新鲜甘虾………500 克

汤汁

| 水………2 杯
| 酒………1 杯
| 盐………2 大勺

绿色香橙的皮………适量

做法

1 选择体色红润、透明度较高的新鲜甘虾，用流水洗净。

2 在锅中放入水、酒、盐煮沸，再放入甘虾加热。

3 将煮好的甘虾装盘，在上面点缀上从绿色香橙皮上刨下来的碎屑。

文蛤

让不同的鲜美成分互相累加

　　文蛤鲜美味道的主要来源和酒一样，都是琥珀酸。文蛤具有如此浓郁的鲜美味道，能与它分庭抗礼的贝类大概只有鲍鱼了。文蛤与鲍鱼的关系可谓巅峰对决。不知两者是英雄相惜，还是既生瑜何生亮……

　　烤文蛤如何美味自然无需赘言。番茄和海带一样，富含谷氨酸这一美味成分，把文蛤和番茄一起用酒来焖，两种美味成分便会相得益彰，变化出无可比拟的鲜美味道来。

酒焖文蛤番茄

材料（2 人份）

文蛤………4 个

番茄………4 个（中等大小）

盐………适量

汤汁

> 酒………3/4 杯
>
> 盐………半小勺
>
> 胡椒………少许
>
> 不含盐分的黄油………5 克

葱（斜着切成丝）………适量

做法

1　将文蛤浸泡在与海水浓度相近的盐水（盐分 3%）中，让文蛤吐出沙子。在番茄的一端开出浅浅的切口，放入沸水中，待番茄皮开始卷缩后将番茄移到冷水中，剥掉番茄皮。

2　将文蛤与番茄置于锅中，倒入汤汁。盖上盖加热，用大火在短时间内蒸透。

3　试着用竹签扎番茄，如果能够轻松扎透则说明已经蒸透。装盘，堆上切好的葱丝。

伊势、千叶县的南房总和北海道是鲍鱼的三大产地。而与江户近在咫尺的南房总更是自古以来就以出产上乘鲍鱼而闻名。因此和关西地区相比，关东地区有着更为丰富多彩的鲍鱼料理。

关东地区的鲍鱼以荒布海带和裙带菜为食，因此味道淡雅。而北海道产的虾夷鲍鱼则以海带为食，所以与关东鲍鱼截然不同，有很浓的海带味道。但无论是哪种鲍鱼，其食物都不外乎是海藻，所以都含有大量谷氨酸、亮氨酸等和海藻类相同的鲜美成分。

鲍鱼

鲍鱼的魅力在于那富有韧性的口感

水鲍

材料（2人份）

活鲍鱼（雄）………2个
粗盐………适量
海带………适量
嫩姜（切丝）………少许

做法

1 在活鲍鱼表面抹上大量的粗盐揉搓，之后用水洗净。

2 将勺子或者铲子插进鲍鱼壳内将贝肉柱与鲍鱼壳分开，再将连在贝肉柱上的薄膜、肝脏等小心地揭下。用菜刀切下呈红色的嘴的部分。将鲍鱼的底面朝上，斜向切出密密的刀口。

3 在容器中倒入浓度1%的盐水，泡上海带，放入处理好的鲍鱼，撒上嫩姜丝调味。食用时以大口咬着吃为宜。

　　如果把鲍鱼煮得过软，便会少了许多特有的风味。雌性鲍鱼的贝壳呈红黑色，雄性鲍鱼的贝壳则是青黑色。雌性鲍鱼的肉肥厚而柔软，适于直接烧烤，或者切成较厚的肉片来烤。雄性鲍鱼的肉质韧性较强，用粗盐搓揉之后，会变得像石头一样坚硬。适宜切成薄片直接食用，或者用研钵捣成糊状，盖到热腾腾的米饭上，便成了一款别有风味的"鲍鱼泥盖饭"。但归根结底，最佳的吃法当属"水鲍"。这种吃法最大的魅力是可以豪放地大口享用整只的鲍鱼。把收缩得极富韧性的鲍鱼大口咬下，大嚼特嚼之间，嘴里便充满了鲍鱼特有的鲜美味道。这也是众多江户料理中我最喜欢的吃法之一。

鲍鱼泥盖饭

材料（2 人份）

活鲍鱼（雄）………1 个

粗盐………适量

山药………60 克

　　海带清汤………适量

　　浅色酱油、盐………各半小勺

刚出锅的米饭………2 碗

山葵………适量

做法

1　在鲍鱼表面抹上大量的粗盐并揉搓，用水洗净后将勺子或者铲子插进鲍鱼壳内，将贝肉柱与鲍鱼壳分开，再将连在贝肉柱上的薄膜、肝脏等小心地揭下。用菜刀切下呈红色的嘴的部分。将鲍鱼的底面朝上，用擦末用的刨子将鲍鱼擦碎后放入研钵内碾碎。

2　把山药也放入研钵内一并磨碎。之后加入海带清汤将碎末调稀，用浅色酱油和盐调味。

3　在饭碗中盛好米饭，盖上步骤 2 中备好的鲍鱼泥，配上山葵。

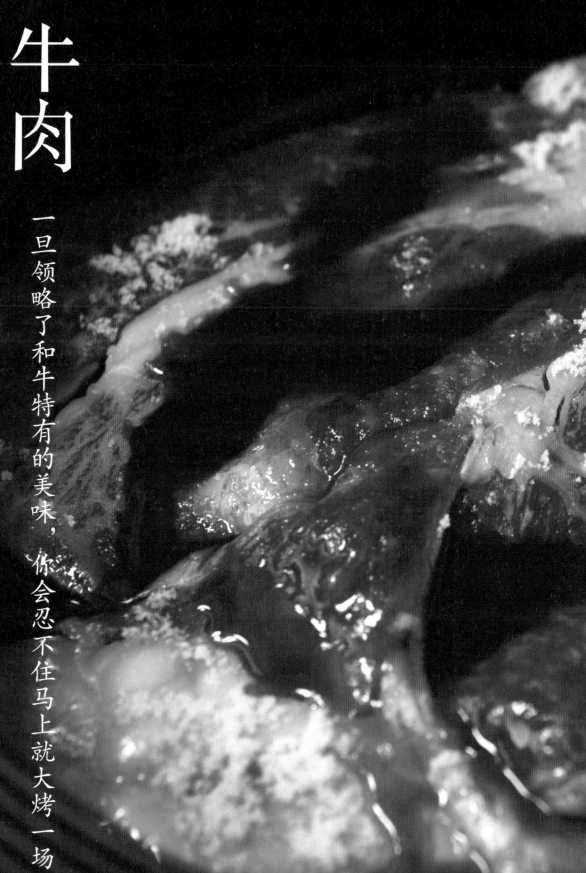

牛肉

一旦领略了和牛特有的美味，你会忍不住马上就大烤一场

要想领略和牛的美味，名为"锄烧"的日式火锅是最佳的吃法。内酯是和牛脂肪所含的香味成分之一，和椰子具有同样的香味，在用八十摄氏度的温度加热两秒后，香味最为浓郁。在做和牛料理的时候，应该充分利用这一特性。先用滚烫的铁锅把牛肉烤得吱吱作响，使牛肉的膻味挥发掉，再撒上可以防止水分散失的白砂糖，让牛肉鲜美的汁液不致流失，最后用生酱油调味。把肉切成薄片，是为了便于将肉瞬间加热后食用而产生的日本特有的烹饪技巧，这一技巧可以说正是为了享用和牛的美味才应运而生的。

所谓和牛，仅限于日本政府在1954年指定的四大天然品种。它们分别是黑毛和牛、褐毛和牛、无角和牛以及日本短角牛。其中黑毛和牛所占的比例大约在九成。现在市面上过半的和牛品牌都是重视生长速度的短期育肥型肉牛。但我以为黑毛和牛无可比拟的美味，本来应该是以其鲜嫩的肉质为基础，再加上适度的脂肪才得来的。为了让肉质鲜嫩，应该用体格相对较小的肉牛，花费尽可能长的时间进行育肥。"但马牛"（*译者注：但马为日本古代地域名，今兵库县北部*）是黑毛和牛现在可知的最早的祖先，而但马牛的特点正是体格小巧，而且成长速度缓慢。正因为如此，牛肉中的肌肉纤维才不会变得过粗。当今的三大品牌牛肉——"特产松坂牛""近江牛""神户牛"，正是将但马牛的牛犊在以上各个地区（*译者注：三重县、滋贺县、兵库县*）花费一定时间育肥而得到的，所以才具备了黑毛和牛固有的上佳风味。

日式牛肉火锅本来以白砂糖和生酱油为佐料，这也是关西地区的普遍吃法。但在关东地区，直到明治年间，牛肉才开始在饮食文化中获得一席之地。由于人们不了解牛肉的吃法，所以沿用了以猪肉为材料的"牡丹火锅"的烹饪方法，发明出用味噌炖牛肉的"牛锅"。其后，用酱油调味的名为"割下"的底料大行其道，各家料理店也纷纷把底料从味噌换成了酱油，并在此基础上进行了各种创新。曾几何时，日式牛肉火锅和"牛锅"被分别作为"关西式"和"关东式"，归并到了日式牛肉火锅这一名称之下。

上好的牛肉脂肪雪白，瘦肉呈深深的暗红色。在品尝完日式牛肉火锅之后，还可以试着把肉片在不粘锅上微微干涮一下，再蘸上醋拌酱油享用。脂肪较多的牛肉吃起来尤其爽滑，这时只需加上少许芥末，就能缓和牛肉过于油腻的味道。

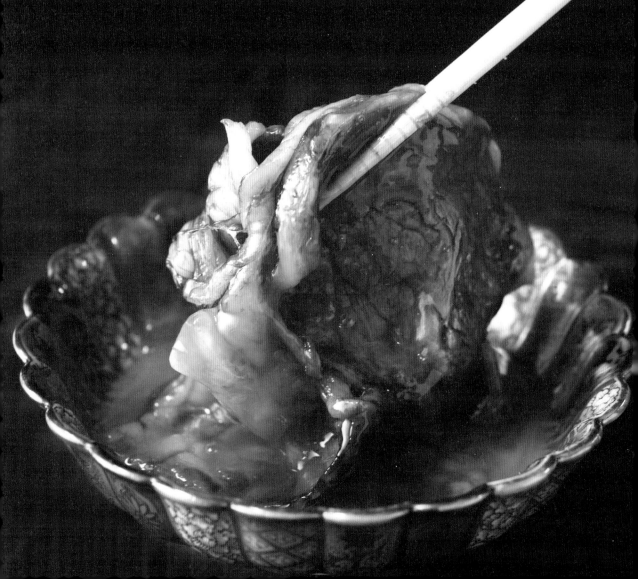

干涮牛肉

材料（2人份）

和牛肋眼肉（切成薄片）*………4块（320克）

醋拌酱油

丨米醋、酱油………各 1/4 杯

芥末………适量

* 腰肉亦可。

做法

1 把平底不粘锅烧热，将牛肉在上面迅速涮过。

2 装盘。配上醋拌酱油和芥末酱。

日式牛肉火锅

材料（2人份）

和牛肋眼肉（切成薄片）………4块（320克）

圆茄子………1个

大葱………1根

白砂糖………50克

酱油………4大勺

鸡蛋………2个

做法

1 把圆茄子切成较厚的圆片。再将大葱随意切成段。

2 将铁锅放在火上加热，撒上适量的白糖。再将肉片铺在铁锅上，将剩下的白砂糖撒在牛肉上，最后均匀地洒上酱油。

　※ 铁锅上不需要事先用牛油润锅，融化的白砂糖可以代替油脂的作用。

3 将鸡蛋在容器内打散，再将烤好的牛肉裹上蛋汁，就可以享用了。最后把茄子和大葱放入铁锅中，一边让其吸收肉汤一边将其烤好。

猪肉

怎样才能凸显猪肉的鲜美

猪肉较之牛肉、鸡肉鲜味更重。猪肉的另一特征是随着品种的不同，肉的口味也各异。如何让各种不同品种猪肉的优点发挥出来，是制作猪肉料理的关键所在。

在日本国内饲养的纯种猪主要有六种。其中以味香浓郁出名的是巴克夏猪。纯种猪另一具有代表性的品种是鹿儿岛县的"黑猪"。黑猪的肉富含氨基酸，味道香浓。中白猪有名的品种包括神奈川县的"高座猪"、爱媛县的"甘脂猪"，其味道淡雅而又不乏鲜美。这两个品种虽然风味极佳，但缺点是体型小，产肉效率低，而且戒备心强，不易育肥，所以饲养这一品种的农户非常有限。市面上出售的猪肉大多是用三个品种杂交出来的品种。例如将产肉量较多的"长白猪"、产仔较多的"杜洛克猪"和肉质较好的"巴克夏猪"进行杂交，培育出兼具以上优点的品种。因此我在购买猪肉时，总会询问猪的品种。像鹿儿岛黑猪这样风味十足的品种，用红薯烧酒简简单单地煮一下，就能做出鲜美无比的味道。"烧酒煮黑猪"便是这样一道传统料理。过去在鹿儿岛每逢喜庆，就会宰一头黑猪，用来款待邻里宾客。这道料理能让蕴含在猪肉内部的鲜美味道更上一层楼，同时让猪肉脂肪的香甜味道更好地融进汤里。

烧酒炖黑猪

材料（2 人份）

黑猪的五花肉………300 克

汤汁
| 水………2.25 杯
| 红薯烧酒………1/4 杯
| 盐………2 小勺

醋拌酱油
| 米醋………1 大勺
| 酱油………1 大勺

做法

1 将猪肉切成两到三厘米见方的小块。

2 将水倒入锅中，再倒入烧酒和盐用大火加热。煮沸后放入猪肉，煮透后装盘，蘸上醋拌酱油吃。

　　猪肉最好吃的是紧贴骨头的部分，所以最好吃的部位还是排骨。猪肉含有丰富的氨基酸，抹上盐后放置的时间越长，盐分就越能渗透进猪肉，破坏猪肉的细胞膜，让猪肉的鲜美味道更加明显。"纳豆盐曲烧排骨"是我非常喜欢的一道猪肉料理。纳豆中所含的蛋白酶和盐曲互相呼应，会让肉质变得柔软。纳豆菌还能消除盐曲特有的臭味，而纳豆特有的味道也会在加热后消退，所以算得上是做排骨时首选的烹饪方法。而"红豆煮排骨"则利用了红豆的特性，猪肉的膻味和油腥，借助红豆的涩味，会转化成妙不可言的浓郁回味。

纳豆盐曲烤排骨

材料（2 人份）

猪排骨………4 根（400 克）

颗粒较大的纳豆………1 小盒

盐曲………1 大勺以上

酢橘………2 个

做法

1　将纳豆、盐曲涂抹在排骨的表面，放置一个小时，让味道充分渗入。

2　擦掉排骨表面的纳豆和盐曲，摆放在平底锅中，用中火慢慢加热。

3　装盘，配上切成两半的酢橘。

红豆炖排骨

材料（2 人份）

红豆（大纳言）………250 克

猪排骨………2 千克

水………2 杯

汤汁

　酒………1 杯

　白砂糖………100 克

　酱油………半杯

做法

1 将红豆倒入锅中加水，使水刚好浸没红豆。煮沸后加一次水，再煮沸一次，用簸箕捞起。

2 用大量的水将排骨预先煮一次，撇掉多余的油脂和浮沫。

3 将红豆和排骨放入锅中，加入水和汤汁，用中火慢慢加热，一直到汤汁表面出现油脂的光泽。

鸭肉

绿头鸭的魅力源自那充满野趣的味道

说起野生的绿头鸭，自然不能不提茨城县的霞之浦。在每年十月下旬到十二月捕到的头颈为绿色，喙相对柔软的雄鸭，肉质纤嫩，肉中的脂肪也是别具一格。绿头鸭和家鸭杂交出来的"合鸭"无论味、香都难望其项背。在我开的料理店"花冠"中，为客人准备的是用十二月以后在霞之浦捕到的绿头鸭做的"猎场烤鸭"。猎场烤鸭这道菜的起源要追溯到古时贵族在御苑中狩猎时的烹饪方法。贵族们在尽情狩猎之后，按照传统的"庖丁式"执行清净食材的仪式，再将捕猎到的鸭子剁成大块，放到铁板上熏烤。所需的佐料只有萝卜泥和酱油。虽然做法极其简单，但是可以把食材的风味最大限度地发挥出来，所以我非常喜欢。充分加热鸭肉带皮的那面，就可以去掉鸭肉多余的油脂。作为配菜的洋葱则只需要稍稍烤过即可，让其特有的辛辣味道保留下来为宜。

在霞之浦捕猎绿头鸭，要趁天黑时在田野中、池塘边的湿地撒上大米，第二天早上再撒网把聚集而来的候鸟一网打尽。抓到鸭子后，先将羽毛和内脏清理干净，然后存放四到五天，鸭子的瘦肉就会变得柔软富有黏性，更易于食用。在厨房里拔毛开膛的时候，偶尔会发现鸭子的肚子里满是米粒。野生的鸭子一直到被抓住的瞬间，都一直在蓝天中自由地翱翔，像这样充满生命力的味道，我们自然应该凭着本能去品味。

猎场烤鸭

材料（2 人份）

绿头鸭 *………1 只（约 1 千克）

盐………适量

洋葱………1 个

佐料

 萝卜泥………约半根萝卜

 酱油………适量

* 也可使用事先去掉骨头的鸭子。

做法

1 把绿头鸭剁成大块，在表面均匀地撒上盐。再把洋葱横向切成圆片。

2 把鸭肉带皮的一面朝下放入铁锅，烤到油开始渗出时，在铁锅空着的地方放上洋葱继续烤。

3 在盘子里放上萝卜泥，倒入酱油，从烤好的鸭肉开始享用。

鸡肉

斗鸡品种和九斤黄品种各有所长

"比内本地鸡""名古屋九斤黄"和"萨摩本地鸡"被称为日本三大本地鸡。属于日本固有品种的鸡现在已经被国家指定为天然纪念物，而只有固有品种的血统在百分之五十以上的鸡，才能被称为本地鸡。日本农林标准对本地鸡饲养的天数和饲养用地的面积等都有详细的规定。本地鸡大致可以分为斗鸡品种与九斤黄品种两大类别。九斤黄品种脂肪含量适中，肉质致密，适合做烤肉串。而斗鸡品种原本体型就较小，而且生性好斗，所以肌肉非常发达。如果用来烧烤的话，肉会变得过于坚硬，所以比较适合做成炖肉。下面将要介绍的"粗茶炖鸡肉"（*译者注：日语中称粗茶为"番茶"*），使用的就是比内本地鸡这一斗鸡品种。比内本地鸡的脂肪色泽金黄，味香浓郁，炖过之后会更有滋味。而鸡皮特有的臭味，则借助粗茶的苦涩味道来中和。

在鸡皮的内部，脂肪呈颗粒状排列在胶原蛋白形成的网眼结构中。用大火烤鸡皮，会让胶原蛋白受热凝固并收缩，脂肪无法被释放出来。所以烤鸡肉时必须用中火从带皮的一面来烤，这样才能让多余的脂肪有足够的时间溶解出来。和炖东西时一样，一开始的时候为了取浮沫而用大火让水沸腾，但是之后就需要尽可能用中火来慢慢加热了。

粗茶炖鸡肉

材料（2 人份）

比内本地鸡的腿肉………2 块

盐………少许

汤汁

| 粗茶 *………5 杯

| 酱油………半杯

| 味啉………半杯

茶叶………适量

芥末………适量

* 用锅将一升水烧开，放入京都产粗茶 50 克煮大约一分钟。关火后加盖焖三分钟，然后滤掉茶渣。也可用平常习惯饮用的粗茶。

做法

1 在鸡肉上撒上盐，放置一晚。将肉展平后把较薄的部分重叠在一起，叠成一整块，再从一端将鸡肉卷起，用棉线捆扎好。

2 将汤汁倒入锅中，大火煮沸后放入鸡肉。撇掉浮沫后改用中火，煮到汤汁表面出现光泽后关火，让锅自然冷却。

3 解开捆扎鸡肉的棉线，切成厚片，装盘。最后用茶叶和芥末酱点缀。

豆腐

美味源自水

这时的水质尤其重要。做豆腐时，先将泡好的生大豆用石磨磨碎做成生豆浆，再经过煮沸、压榨、过滤，把生豆浆分离成豆浆和豆渣，之后加入卤水使豆浆凝固。这时完成的豆腐需要在水里浸泡半天以上的时间，以去掉多余的卤水和其他杂味。这时既需要保持豆腐的鲜美，也要让卤水的成分充分溶解进水里。如果水的硬度过高，水中的钙和镁就会附着在豆腐的表面，使卤水的成分不容易渗透出来。而如果硬度太低，则豆腐的鲜美味道也会散失在水中。因为制作豆腐所使用的理想的京都的地下水的硬度为每升八十毫克左右，所以有鉴于此，适于制作豆腐的水的硬度也大致在每升七十到九十毫升。在豆浆开始凝固后马上就舀出来食用的捞豆腐虽然

青菜豆腐粥

材料（2人份）

老豆腐………1块

小松菜………1把

水………3杯

盐………1小勺

芡汁………2大勺

酱油………1小勺

姜末………少许

做法

1 将豆腐切成小方块，小松菜切碎。

2 把水和豆腐放入锅中，放盐后用大火煮沸。
沸腾后加入茄汁勾芡。

3 再加进小松菜，用酱油调味。装盘。点缀上一小撮姜末。

味道鲜美，但是吃过之后回味不佳。豆腐应该是百吃不厌的食品，所以太过开门见山的豆腐难谓佳品。

"青菜豆腐粥"这道料理用切成丁的豆腐来代替粥里的米粒，再加上些切得细碎的小松菜。即便没有食欲，也能轻松下肚。

豆腐从中国传到日本，使一直被人们认为上不了台面的素食获得了新的生命，升华为茶道中的怀石料理。可以说豆腐为日本料理带来了广阔的发展空间。豆腐清淡的味道，浓缩了大豆的鲜美与风味，并且与其他的食材相呼应，产生出了众多丰润而温馨的美食。

一提到绢豆腐，人们就会联想起京都。但绢豆腐其实诞生在江户。位于东京根岸（*译者注：在东京都台东区*）的老字号"笹乃雪"是绢豆腐的发祥地。元禄三年（1690 年），这家豆腐店为了陪伴后西天皇的皇子在上野轮王寺出家，而从京都迁到了江户，并最先发明了绢豆腐。水

梅里豆腐

材料（2 人份）

绢豆腐⋯⋯⋯1 块

汤汁

  | 鲣鱼海带上汤⋯⋯⋯4 杯

  | 盐、浅色酱油⋯⋯⋯各 1 小勺

芥末酱⋯⋯⋯少许

做法

1 把清汤倒入锅中加温，并用盐、酱油调味。

2 把豆腐切成适当的大小，放入汤汁中，用文火慢慢加热。

3 豆腐和汤一起装盘，点缀上少许芥末酱。

户光圃所钟爱的"梅里豆腐",正是以绢豆腐为材料,把豆腐放入"八方上汤"中,用文火慢慢加热,豆腐的鲜美和上汤的风味便浑然一体。

　　将豆腐油炸后得到的不同厚度的油豆腐,也是日本料理不可或缺的食材。大豆所含的氨基酸在油中经过加热后,产生出独特而复杂的香味,使豆腐料理的世界变得更加缤纷多彩。"大蒜芡汁油豆腐"这道菜,用爽口而又后味十足的蔬菜上汤勾芡,使油豆腐深不可测的美味变得更加引人入胜。

大蒜芡汁油豆腐

材料（2人份）

油炸豆腐………1 张

大蒜………1 瓣

芡汁

　蔬菜上汤 *………1 杯

　盐、浅色酱油………各半小勺

　酒………1 小勺

　芡汁 **………1 大勺

* 参见 115 页。

** 将半大勺淀粉用等量的水化开。

做法

1　将油炸豆腐放在铁网上,用中火将上下两面烤至焦黄。大蒜切成薄片待用。

2　芡汁倒入锅中,用中火慢慢熬稠。

3　豆腐切成便于食用的大小。装盘。最后浇上大量的芡汁。

米

日本人的味觉源自大米

日本人之所以有异常敏锐的味觉，应该归功于大米。大米中所含的味觉成分，大多低于人所能感知的阈值。从理论上来说，人应该无法从大米中感觉到什么"味道"。可是日本人却能够明确地判断什么地方的大米好吃，什么地方的大米不好吃。究其原因，日本列岛南北狭长，又位于亚洲季风带，从而具有了丰富多彩的气候与水土。即便是同样品种的大米，也会因为种植环境的不同而产生不同的口味。这一日本特有的现象，使日本人在日常生活中，经常有机会对味觉成分低于阈值的东西进行比较。这使日本人锻炼出了世界顶尖水平的敏锐味觉。但是近来日本的大米消费量已经被小麦所超越，现在的孩子们更多地食用小麦，他们的味觉缺乏足够的培养。这是一个很让人担忧的问题。

大米的口味因品种而异，取决于米中直链淀粉与支链淀粉这两种不同结构的淀粉的比率。支链淀粉的含量越高，黏性就越强。糯米中直链淀粉的比率为百分之百，越光米为百分之八十。而"时雨锦"为百分之七十，所以黏性较弱，适于做醋饭。而乳白女王的含量在百分之九十二左右，所以蒸好后即使放凉也非常可口，适合做便当和饭团。

为了蒸出好吃的米饭，有这样几个小窍门：首先，新鲜与否对于大米来说同样重要。所以要选择当年收获的新米，而且最好是新近捣好的米。常温保存的话，捣米之后不应超过十天，冷冻保存的话不超过三十天。现在将稻谷加工成大米的技术和过去相比有了很大的进步，所以淘米的时候不需要用力揉搓，只需要利用自来水从水龙头流下时的冲击力轻轻搅拌即可。在淘米后，需要把米浸泡在水中，使水分渗透到米粒的中心。但如果在水中浸泡时间过长，会让米粒表面的淀粉剥落。因此应当在蒸米饭之前，用簸箕把米捞出来一次，让水分渗透得更加均衡。在米饭刚刚蒸好时，"开盖"和"焖"这两道程序尤其重要。刚刚蒸好的米饭，溶解的淀粉质会回流到米粒的表面，使表面带有较多的水分。因此在焖饭之前，应该打开蒸饭的容器，让多余的水分蒸发，使米饭的美味成分在焖的过程中渗透到米粒中。这样才能使每一粒米都富有光泽，吃起来松软可口。刚刚蒸好的米饭饭香浓郁，吃起来非常爽口。如果放置三十分钟，味道则会变得柔和许多。

蒸得美味可口的米饭，一定要做成盐味饭团来品尝。在做盐味饭团时，应该大胆地放盐，使表层偏咸，从而让人充分感受到中间米饭的甘甜。这种味觉的反差能让米饭更显美味。在做饭团时，应该用手把饭团轻轻抛起，利用饭团落到手掌里的冲击力来把饭团塑成三角形，而不应该用手掌用力挤压饭团。

在田野中培育的是稻子，蒸好之前的是大米，盛在晚里的是米饭——日本人绝不会仅仅用"Rice"这一个词来表述如此珍贵的食材。

料理的秘诀

对于前面介绍的这些做法简单，却又能让食材的长处发挥无遗的料理来说，在使用上汤、调味品、香辛蔬菜时的一点小诀窍，就能左右整道料理的味道。

一道料理的优劣取决于食材的质量。当主料和辅料配合在一起的时候，各种美味成分既会产生一加一大于二的效果，又会产生互相对比的效果。这时再辅以上汤，就能让食材的特征相互协调。因此说清汤是日本料理基本中的基本也绝不为过。

日本列岛四面环海，自古以来就拥有丰富的海产以供加工为干货。众多鱼类都曾被用作上汤的原料。在江户时代，富含鲜美成分谷氨酸的海带和含肌苷酸的鲣鱼干的偶然相遇，才有了我们今天所知的鲣鱼海带上汤。鲣鱼海带上汤的诞生使博大精深的日本料理走到了一个极致，构筑出了日本特有的味觉文化。

在不同地方采集的海带，种类也是不一而足。用"真海带"熬出的清汤澄清透明，鲜味清爽高雅，适合做汤。"利尻海带"（*译者注：利尻为北海道北部的岛屿名*）香味浓重、味道淡雅，清汤的透明度也较高，适合做汤品或者火锅。利尻海带同时也是怀石料理的首选材料。"罗臼海带"（*译者注：罗臼是地名，在北海道东部*）回味十足，可用于炖菜或者火锅。"日高海带"（*译者注：日高为地名，在北海道南部*）的纤维柔软，味道较淡，可以直接用作炖菜的材料。

鲣鱼干亦可分为"荒节"和"本枯节"。"荒节"是刚刚熏制完成的鲣鱼干，具有强烈的熏香和充满野趣的口味。用"荒节"刨出的鲣鱼刨花可以煮出香浓味重的上汤，用途广泛。而刨得较厚的"荒节"，则适于作荞麦面的蘸料。"本枯节"则是在刨去"荒节"的表面后，经过反复发霉和干燥制成的鲣鱼干。"本枯节"与"荒节"相比，能熬出更加澄清、风味高雅醇厚的上汤，非常适合作怀石料理中的汤品。

用蔬菜的皮、梗等边角料熬制的蔬菜上汤最近也备受瞩目。蔬菜的表皮尤其富含营养成分，经过熬制就会浓缩到上汤中。蔬菜上汤不仅充满蔬菜特有的香甜而鲜美的味道，而且口感柔和。与略呈酸性的海带鲣鱼上汤不同，蔬菜清汤呈碱性。用在呈酸性的鱼、肉等料理中，能产生一种难以言喻的协调感。

综上所述，即便是上汤所用的材料这样的细节，只要能充分把握不同种类材料的特性，就能让一道料理更加完美。

上汤是料理的基础

海带上汤、海带鲣鱼上汤的做法

海带上汤适于以蔬菜、豆腐、贝类为原料的料理，能够在不干扰食材本身味道的情况下，让食材的风味更加突出。

鲣鱼海带上汤用途广泛，与酱油非常匹配。适于做汤、煮菜，还可用于以鸡蛋为材料的料理以及荞麦面的蘸料等。成品的鲣鱼干刨花又分含暗红色鱼肉部分（译者注：日语中称之为"血合"）的刨花和不含暗红色鱼肉部分的刨花。含暗红色鱼肉部分的刨花味道香浓，鲜味也重，但是在熬制上汤时，可能会出现腥味。鲣鱼干刨花是否新鲜至关重要，开袋之后一定要尽快使用。

材料

水………2 升
真海带………20 克
鲣鱼干………80 克

1　用湿布擦掉海带表面附着的灰尘等异物，放入锅中，用前面所述的量的水浸泡。（夏季浸泡二十到三十分钟，冬季浸泡一个半小时左右。）

4　将步骤 3 中的上汤倒回锅中用大火煮沸，放入鲣鱼干刨花。迅速拌开后马上关火。如果在加入刨花后继续煮沸，上汤的味道就会不纯，而且变得浑浊。

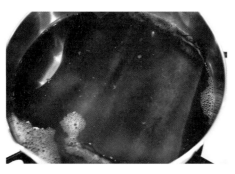

2　用文火加热，等到锅的边缘出现细微的气泡，把火开到最小。如果用的是真海带，再继续煮三十分钟左右，让鲜美的味道完全溶解出来。如果使用罗白海带等较柔软的海带，接着加热会让上汤变得黏稠，所以需要在出现气泡时把火关掉。

5　如果用来做汤，就应该让上汤清淡些，所以需要马上过滤。如果是用来炖菜，则应该用较浓的上汤，可以放置一段时间后再过滤。

3　用厨房纸巾或者布过滤清汤，去掉杂质。最基本的海带上汤即告完成。

6　做好的鲣鱼海带上汤（鲣鱼上汤）。在一般家庭中，与其在熬出头道上汤、二道上汤后区别使用，不如根据用途改变过滤上汤的时机，借此调节清汤的浓度。这样能够更加方便快捷。做好的上汤很快就会走味，应冷藏保存，并尽快用掉。

根据蔬菜边角料的种类和多少，熬出的上汤的色泽味道也是形形色色。这正是蔬菜上汤最吸引人的地方。这次使用的是萝卜（皮、茎）、卷心菜（皮、芯）、小松菜（茎）、胡萝卜（皮、茎）、土豆（皮）、洋葱（皮）、生姜（皮）。另外玉米（外皮、须、芯）、莴苣（芯）、芜菁（皮、叶子）等也都是不错的材料。蔬菜的边角料可以装在密封容器中保存在冰箱里，等积累到一定的量再拿来一并熬汤。

材料

水………2 升

蔬菜………1 千克

1　先将蔬菜边角料用铁网或者平底锅烤至边角处变得焦黄。经过这道处理，可以去掉生鲜蔬菜的生味，做出香味更正的上汤。

3　用厨房纸巾或者布过滤汤汁。

2　将步骤 1 中处理好的边角料泡在水中，用中火加热。煮大约四十到五十分钟，等到汤汁变成琥珀色并呈现出光泽，将锅从火上移开。

4　做好的蔬菜上汤。根据使用的蔬菜，上汤会呈现出各种不同的颜色和风味。做好的上汤在冰箱中大约可以保存三天。也可以分装在保鲜袋里冷冻保存。

鸡架最大的魅力在于可以熬出味道香浓、回味十足的清汤。用料以饲养时间较长的比内本地鸡的鸡架为最佳。如果再配上以鲜美见长的蘑菇以及白菜，就不需要再刻意调味，只需用盐，就可以让味道近乎完美了。

熬之前只需把鸡架放入沸水中微微烫一下再捞出来，就可以用流水轻松地把污物和血块冲洗干净。能否在这个步骤中把鸡架清洗干净，会直接决定上汤的质量。在锅里重新倒上水，放入清理干净的鸡架和香味浓郁的蔬菜，用大火加热。待到沸腾后去掉浮沫，最后用中火慢慢把汤汁熬成具有光泽的琥珀色。

材料

水………2 升

鸡架………2 个

有香辛气味的蔬菜（大葱、生姜等）………适量

熬制上汤时用的水，我会在自来水中掺上相当于自来水量六分之一的矿翠（Contrex）矿泉水（硬度 1468 毫克 / 升）。这种矿泉水属于超硬水，能使水的硬度上升到硬水的水平（约 300 毫克 / 升）。水中所含的钙和镁会和鸡架中的水溶性蛋白质结合到一起。水溶性蛋白质正是形成浮沫的原因。充分凝结的浮沫会漂浮在汤汁的表面，撇掉浮沫，也就能得到足够澄清透明的上汤。

调料

用法与挑选的方法

顾名思义，调料用于调整料理的味道。调料的作用不外乎"累加效果"和"对比效果"。"累加效果"让食材的味道更加鲜明，"对比效果"则能抑制食材过于突出的特征。

无论什么食材，都或多或少地含有盐分。而盐以及酱油中的盐分，哪怕是几乎察觉不到的极少的量，也能起到抛砖引玉的作用，让食材本来的风味更加突出，料理整体的味道更显协调。蔬菜中的氨基酸是鲜美味道的来源。同样富含氨基酸的酱油、味噌与蔬菜本身的鲜美味道相互叠加，会让料理的美味增幅好几倍。这就是调料的累加效果。香味也是一样，潜藏在食材中的香味，会在酱油特有的具有挥发性的香味承载下，变化成为更加复杂、更加强烈的香味。

对比效果的具体例子包括用糖来缓和食材的苦味，在太酸的时候添加甜味来降低酸味的刺激等等。鳗鲡的肝很苦，但一旦被置于蘸酱烤鳗鲡整体的香甜味道中，苦味便也成了美味的一部分。从这些例子可以看出，调料同时具有让食材的缺陷转化为美味的能力。

盐、糖、味啉、醋、酱油、味噌、酒——这些全都是日本料理中不可欠缺的调料。经过人的劳作创造出的东西，都会让人感受到生命的力量。盐和糖饱含着来自大地的矿物质，味啉和醋蕴含着大米复杂微妙的香味，酱油和味噌在微生物大量栖息的木桶中酿造而成，酒浓缩了大米的香甜——食材与这些调味邂逅，才会化为能让人感受到他人辛劳的一道道料理。所以在调料方面不应该吝惜投入。即使不用什么高档的食材，只要有好的调味品，同样能让食材发挥出它们的全部实力。

食盐

用法与挑选的方法

不同风味的盐

食盐有很多张充满个性的面孔。食盐是氯化钠的结晶，当氯化钠的结晶从水中析出的时候，溶解在水中的矿物质会附着在结晶的表面。矿物质的种类和多寡会让食盐的味道发生微妙的变化。如果含有较多的氯化钾，盐就会带有酸味。氯化镁或者氯化钙会带来苦味。硫酸钾和别的食材相互作用，会让人感到甜味。食盐的标准是氯化钠含量超过百分之八十。"精炼盐"的氯化钠纯度则高达99.8%。但我觉得精炼盐只有咸味，缺乏鲜美的味道。"天日盐"是仅仅通过物理方法蒸发掉海水中的水分而得到的食盐，富含来自海洋的营养成分，可以称得上是地球孕育出的味道。

盐可以大致分为"海盐""岩盐"和"湖盐"。其中岩盐的性质最富于变化。在大陆板块运动的过程中，海洋被封闭在大陆内部，形成湖泊。之后的地壳的运动又使水分蒸发，于是形成了湖盐。进一步的地壳运动又使湖盐没入地层，在经过数千年后就形成了岩盐。岩盐的味道取决于其所处的地质情况。如果位于火山地带，地壳中含有较多硫磺，就会形成带硫磺味道的"黑盐"。在铁元素较多的地层会变成粉红色的岩盐。在种类繁多的海盐中，用满月的晚上汲取的海水炼制的食盐口味尤其柔和。这是因为满月时海流产生的变化，使底层的海水通过对流流至表层，所以盐中含有了更多的矿物质。

凸显食材的美味

料理美味与否取决于盐的使用。这是因为食材之间存在着相互对比的作用。盐有着让食材各异的特点更加鲜明的作用。比如上汤喝起来并没有什么明确的味道，但是加上一点盐，就能明确地感受到上汤的鲜美。鹿和短角牛的瘦肉、金枪鱼与鲣鱼等红肉鱼都含有较多的铁分和乳酸。这些本身就有酸味的食材如果和带酸味的盐调配到一起的话，味道就会发生同化，使味道显得醇厚。而黑毛和牛、金枪鱼身体中富含脂肪的部分，则适合使用具有较强酸味，能和脂肪形成鲜明对照的食盐。

去除腥臭，浓缩美味

食盐的另一项重要作用是对食材起到的渗透作用与脱水作用。当食材处于盐分的浓度很高的环境中时，在渗透压的作用下，细胞会排出自身的水分，来排除进入细胞内部的盐分。而水分恰恰是鲜鱼腥味的来源，而且是食材发生腐烂的原因。去掉水分既可以除去臭味，也可以降低腐烂的危险性。而且排出多余的水分，还可以使食材所具有的风味得到浓缩。

食盐还具有溶解蛋白质的作用。譬如在鱼蓉中加盐，就能溶解肌凝蛋白这一蛋白质，带来富有韧性的口感和更加鲜美的味道。在做汉堡肉时，在肉馅里撒上盐，就能让蛋白质融化，起到黏合剂的作用。牛肉的黏性比较弱，百分之百的牛肉不容易捏合到一起。而黏性最强的是猪肉。所以用混合了猪肉牛肉的肉馅来做汉堡肉，能够取牛肉猪肉之所长，做出理想的汉堡肉来。

结晶的颗粒感同样值得品味

平时在用盐水煮东西，或者用盐揉搓食材，进行预处理的时候，我都会用粗盐。调味的时候则使用天日盐。天日盐不同于机械干燥得到的食盐，其颗粒的形状大小参差不齐。这正是天日盐让我中意的地方。料理因为浓淡富于变化所以才美味可口。比如在做醋腌番茄的时候，不应预先撒盐，而应该在浇上油之后再撒盐，这样能够让食盐的颗粒成为不错的点缀，吃起来也有滋有味得多。烤蔬菜的时候也应该在抹油之后再撒盐。我总是会在一道料理完成后，把"花盐"这种结晶较大、质地很脆的结晶盐很随意地撒在料理上，然后再端给客人。盐味饭团则使用满月时的海水提炼的天日盐。天日盐那种柔和而复杂的鲜味会让人爱不释手。

食糖

发挥各种食糖的特长和锁水力

食糖点滴

食糖根据提炼的方法，可以分为"分蜜糖"与"含蜜糖"。从甘蔗榨取糖浆，用沸腾浓缩或者离心分离得到结晶（原糖），再经过进一步提纯得到的白砂糖就是分蜜糖。将原糖溶化后，首先让蔗糖这一甜味成分结晶化得到的是幼砂糖；在制得微细的幼砂糖后，在其表面喷涂来自水果的果糖，则得到"上白糖"。让已经提炼出幼砂糖的糖蜜反复析出结晶，其中第三次提炼出的结晶就是"三温糖"。让结晶已经被提炼殆尽的糖蜜转化为雾状，并强行干燥得到的则是"蔗砂糖"。三温糖、蔗砂糖纯度较低，但这同时意味着其中含有较多的矿物质。各种复杂的味道交织在一起，会形成其特有的风味。以幼砂糖为原料制成的更大的结晶就是冰糖。高纯度的冰糖粉碎得到的则是"粉糖"。

红糖是最具代表性的含蜜糖。红糖是将甘蔗的榨汁煮沸浓缩后，加入石灰凝固得到的食糖。把甘蔗的榨汁持续煮沸浓缩，让糖液的黏性不断提高，就会产生"白下糖"这种结晶。把白下糖装入布袋，压上石头。榨出蜜汁后留下的结晶部分则放在托盘上碾碎压平，然后再压上石头……用这种独特的方法制成的便是"和三盆糖"。分离出的蜜汁则是"黑蜜"。红糖野趣十足，和三盆糖则具有含蜜糖特有的风味和细腻柔滑的口感。

锁水力给料理带来的变化

幼砂糖的甘甜强烈而爽口，而上白糖不仅甘甜，还具有绵长的回味，同时具有很强的保持水分的能力。这一性质对料理意义重大。在烤肉时，只要加入哪怕一丁点糖，就能避免肉在高温下急剧地硬化。烤之前把猪肉泡在甜辣味道的调味液中，猪肉就不会变得干瘪而粗糙。这都是上白糖所具有的功效。我在料理中使用的糖类，基本上都是上白糖。红糖虽然不太适于烹调，但是就好像用烧酒做东坡肉一样，在希望让料理具有强烈的回味时，红糖就能够大显身手了。

在做点心时，如果在打蛋清时加入上白糖，就能得到非常劲道的发泡蛋清。做生巧克力时如果使用上白糖，就能抑制水分的蒸发。这样巧克力即使保存很长时间，也能保持其表面的光泽以及在口中融化时香滑的口感。但是保持水分的能力同时也意味着吸收潮气的能力。发泡蛋清做成的烤点心会不断吸收空气中的水分，因此在湿气较重的日本，做曲奇饼之类追求松脆口感的点心时，应该用幼白糖。而在做小仓红豆馅的时候，为了追求光泽和香浓的味道，三温糖才是最佳的选择。

现在人们大多认为色泽纯白的糖类对健康无益，所以纷纷回避上白糖。但是日本特有的上白糖的生产工艺，即使放到世界范围内来衡量，也同样具有极高的水准。日本人在料理中较多地使用砂糖，起因于农耕民族特有的以蔬菜为主的饮食习惯。由于蔬菜本身并没有什么复杂的味道，所以需要在料理中辅以砂糖。这样一来，即使料理中没有肉类和鱼类，也仍然能让料理吃起来回味无穷。正是像这样种种的智慧，造就了今天的日本料理。

味啉

内涵复杂、适合日本人味觉的甘甜味道

白砂糖的甜味来自蔗糖，而味啉的甜味和大米一样，都来自多糖。味啉的原料糯米所含的淀粉和蛋白质分别被酶分解成糖分和氨基酸，从而产生了味啉特有的甜味。而市面上销售的仿味啉调味料，是在葡萄糖、糖浆中加入谷氨酸和香料制成。甜味的内涵和风味都与真正的味啉截然不同。

我经常用味啉调节料理的甜味。味啉最贴近日本人与生俱来的口味。味啉和砂糖一样也具有保持水分的功效。在煮土豆、南瓜等淀粉含量较高的食材时，可以用味啉防止食材煮烂，同时让做好的料理具备适度的光泽。适合用来下饭的当然还是甜辣味道的食物。"最上白味啉"是千叶县佐原地方的特产，完全使用江户时代传承至今的传统制法酿造，以丰润饱满的甘甜味道见长。

在炖东西时，我会按一比一的比例放味啉和酱油。这样就可以在味啉不甚张扬的甘甜中再加入酱油的浓香，让食材的美味显得更加浓郁。在觉得味啉的味道不够浓的时候，还可以适当地加入一些上白糖。

醋

只要有品质上乘的纯米醋，便不再需要别的调料

二杯醋、三杯醋、土佐醋、甜醋、醋拌酱油……日本料理会用到各种各样的醋。醋能够使蛋白质凝固，因此用醋浸过的鱼会变得肉质紧密，再加上醋的杀菌作用，使鱼能够长时间保存。京都因为地处内陆，古时鲜有鲜鱼可供享用，这种使用醋的料理在京都得到了发扬壮大。醋的酸味来自醋酸，而醋酸是以酒精成分为食的细菌在进食的过程中产生的副产品。以醋酸菌为食物的酒，也可以是酒窖做坏的酒或者酒糟。所以自古以来，醋的生产总是和酿酒形影不离。

醋的品质会决定料理的成败。因此哪怕是仅仅用来对食材进行预处理的大路货的谷物醋，也应该挑选以大米为原料的纯米醋。纯米醋是否可口，取决于酿造

过程中大米的比例。我喜欢用产自京都府宫津的纯米醋。这种醋用大量大米经过长时间酿造而成。甘甜圆润，风味上佳。醋本身就带有大米的清香和甘甜，所以在做醋饭的时候，不需要加过多的糖。而醋又富含矿物质，因此也不需要用盐。在酒糟中加入酿造得到的酒精，经过短时间的醋酸发酵得到的醋绝对没有如此理想的效果。

酱油

灵活运用酱油独特的香气与味道

要说日本料理中必不可少的调料，自然不能不提酱油。用传统方法酿造的纯酿造酱油是在蒸过的大豆中混合麦曲后发酵，并将榨出的原液储存半年到两年后得到的。在这一过程中，大豆中的蛋白质被分解成带来鲜美味道的氨基酸，小麦的糖分则转化为甜味与香味。有趣的是，根据大豆和小麦的比例不同，酱油的味道和色泽也会产生不同的变化。小麦的比例越高，甜味就越明显，而颜色会较淡。正因为酱油中交织了上百种来自酒精的成分，所以才会有如此独特的风味与芳香。那些来自酒精的成分温度越高越容易挥发，越接触空气越容易氧化，所以应当将酱油密封并冷藏存放，尤其是在夏季。

当我想把料理的味道做得重一些的时候，会选择纯酿造酱油（深色）。这种酱油和香味强烈的料理非常匹配。在做汤、炖东西时，如果不希望料理的颜色过深，可以使用浅色酱油。煮油豆腐的时候也是一样。做火锅时可以选择透明的酱油（*译者注：日语中称"白酱油"*）。不管做什么，酱油的作用都是为料理增添几分浓香，所以应该在烹调的收尾阶段善加利用。

味噌

在香气与鲜味之间做一个取舍

味噌和酱油一样，重在其香味。而味噌的香味尤其容易散失。比如做味噌汤，如果在放入味噌后还咕嘟咕嘟地煮个不停，味噌的香味也就会和蒸汽一起消散得无影无踪。因此在做味噌汤时一定要在最后的最后再放入味噌，并在味噌像花儿一样在汤里绽放的瞬间盛到碗里。但从另外一个角度来说，味噌源自大豆，含有大量使料理味道鲜美的氨基酸。用味噌来炖东西，虽然其香味会消散殆尽，但味道会变得更加香浓。味噌炖鲭鱼醇厚丰润的味道正是由此而来。可见味噌的特点在于嗅觉味觉不可兼得，是一种需要在使用时慎重取舍的调料。

根据原料的不同，味噌可以分为"大米味噌""小麦味噌""大豆味噌"。此外，所谓"乡村味噌"（信州味噌、仙台味噌等用大豆和米曲酿造的味噌）属于发酵味噌，京都的"白味噌"则可以称之为分解味噌。白味噌口味甘甜，是借助米曲中所含的淀粉酶的作用，将大米进行分解而得到的味噌。在南北跨度较大的日本，出产自各地的这种味噌虽然被统称为乡村味噌，但都具有各自鲜明的地方特色。发酵的时间越长，味噌的颜色越深、酸味也会越发明显。

我平时用的味噌包括京都产的白味噌、邻居给的乡村味噌、爱知县产的"八丁味噌"以及将八丁味噌和白味噌混合而成的京都特有的"樱花味噌"。白味噌味道甘美而不俗，适合做汤和年糕杂煮、味噌串烧。乡村味噌可以和XO酱一起做成蘸料，或者用来炖东西，把各种错杂的味道糅合为悠长的回味。带酸味的八丁味噌和樱花味噌可以做成红味噌汤，让人在吃完炸猪排等肉菜之后，口中为之一爽。这两种味噌和烤茄子也是绝佳的组合。在使用味噌时，应该充分了解产自不同地方的各种味噌的特性。

酒

源自大米的无上的调味汁

酒是充满魔力的液体。有时只是那么一小口，就能让人暴露出本性。酒实在是一个可怕的魔鬼。对于食材来说也是一样。酒能够让食材显现出它们的真面目——食材本身所蕴含的生命力。

用大米酿造的清酒可以看作是浓缩了大米精华的无上的调味汁。正因为如此，我在做料理时会毫不吝惜地大量使用酒。清酒可以消除鱼的腥味和蔬菜的生味，让食材的风味更加鲜明。也可以像前面提到的"宵夜锅"那样，把猪肉和菠菜这些个性鲜明的食材完美地撮合在一起。但是清酒也存在与食材是否匹配的问题。清酒在加热时会散发出甜香，并产生大米特有的香甜味道。所以清酒和油香浓郁的猪肉珠联璧合，但却和以鲜味见长的白菜格格不入。善用清酒，能让料理的手艺更上一个台阶。为了达到这个目的，应该选择口味偏辣，喝起来也风味上佳的纯米酒。味道本来就差强人意的"酿造酒（添加有酿造酒精的酒）"，则应该尽量避免使用。

香辛植物

为料理携来一缕来自四季的香气

香辛植物是各种具有香味或者刺激性味道的植物的总称，它能够让料理的风味更上一层楼。香辛植物通过颜色或香气来促进人的食欲。香辛植物与香辛料、香草类的不同之处在于，香辛植物仅限于在料理完成后作为点缀来使用，是日本料理文化中特有的概念。因为香辛植物所具有的各种功效，过去曾经被作为中医的"生药"来使用（*译者注：日语中香辛植物的原语为"药味"，故有此说*）。室町时代中期，在日本产生了食用生鱼的饮食习惯。这也是在料理中使用香辛植物的开端。鲤鱼的生鱼片在当时被视为最高级的生鱼片。为了消除淡水鱼特有的腥味，同时也是为了借助香辛植物的杀菌作用，防止食物中毒，人们开始给料理搭配香辛植物。和食用生鱼的文化一起登台亮相的香辛植物在此后的历史中，又背负上了新的使命——为料理增添各个季节特有的源自大自然的香气。而这种种的香气，才是香辛植物最大的魅力所在。

初夏是小葱和嫩葱最有滋味的季节，同时也是天然金枪鱼、鲣鱼等洄游性的红肉鱼成为餐桌主角的季节。红肉鱼含有较多的铁元素，适合红肉鱼的香辛蔬菜，并非山葵，而是小葱等含有烯丙基硫醚的香辛植物。烯丙基硫醚可以和产生血腥味的血红蛋白、肌红蛋白化合，消除血腥味。在立冬前后，香橙会变成金黄色。这时把香橙皮的碎屑撒在汤的表面，清新的香气会勾起日本人心中的怀旧之情。利用香辛植物可以自由地增幅或者消减食材的风味。只有恰到好处地配上香辛植物，整道料理的味道才显得和谐。

香辛植物在切好后，需要浸泡在水中去掉其苦味及涩味。香辛植物的味道会因此而变得更纯粹，并能阻碍细菌的繁殖，使香辛植物更容易保存。香辛植物的芳香成分大多是不溶于水的油性物质，所以即使用水洗也不会有所损失。

大葱

强烈的气味适合肉类和鱼类

大葱带有强烈刺激性的香气来自烯丙基硫醚这种化学成分。它可以减轻畜类禽类特有的膻味，中和金枪鱼富含脂肪部位的油腥味。在关东地区比较常见的，是把大葱的植株在土中埋得较深的"根深大葱（长葱）"，关西地区最常见的则是让大葱上部充分沐浴阳光的"青葱（叶葱）"。

大葱有着形形色色的品种。"分葱"是大葱和洋葱杂交得到的品种，柔软而香气浓郁。以"博多万能葱"为代表的嫩葱是在叶葱还未成熟时采摘的幼苗，同样香气浓郁，而且有适度的辣味。小葱是葱类中最细的品种，质地柔软、香气细腻、味道偏辣，是适用于多种料理的调味植物。

姜

兼具祛寒的功效

在初夏收获的新生姜富含水分，气味清爽。而经过储藏后在第二年上市的"老姜"表皮呈茶褐色。由于水分的减少，老姜会比新生姜辣很多。生姜的辣味来自姜辣素。这一成分同时具有杀菌以及让体温升高、提高免疫力的作用。姜也是一种被广泛利用的香辛植物。

姜的芳香成分较多集中在表层，所以在去皮时应该用勺子的边缘，尽可能薄地刮掉表皮。在姜的内部布满了充满芳香成分的油管，而油管的方向与植物纤维平行。想要完全破坏油管，最好的办法就是把姜切成姜末，这样在吃进嘴里的瞬间，姜的香味就会马上在口中扩散开来。而如果顺着纤维的方向把姜切成丝，就能让姜在咀嚼时再散发出香味，让料理的回味显得清爽。

蘘荷

爽脆的口感亦是它的魅力所在

直冲鼻腔的独特香气、十足的辣味、爽脆的口感，都让蘘荷成为一品不容忽视的香辛植物。蘘荷的芳香成分"α-蒎烯"除了增进食欲，促进消化之外，还具有促进血液循环和发汗的功效。和姜一样，顺着与纤维垂直的方向把蘘荷切成小块，或者顺着纤维的方向切丝，能够让蘘荷以不同的方式散发出香味来。

紫苏

香味蕴藏在叶面的油胞中

紫苏是一种历史悠久的香辛植物。绳纹时代的遗迹中就曾有紫苏的种子出土。根据是否含有红色的花色素，紫苏可以大致分为"绿色紫苏"和"红色紫苏"。除了叶子以外，穗、籽实、花也都一直被用来装点料理。

紫苏清爽的香气来自紫苏醛。紫苏醛具有较强的抗菌作用，因此总会出现在生鱼片旁边。在叶片表面的油胞破裂的时候，紫苏就会散发出香气，所以在需要比较浓的香味的时候，可以将紫苏叶子切碎。如果想保持叶子的原型，则可以像处理花椒的嫩叶一样，用手掌猛力地拍打叶片。

香橙

现身于季节交替之际

香橙的芬芳是日本料理绝对不可欠缺的要素。香橙在初夏绽放的白色花朵被称为"花柚"（*译者注：日语中用柚子二字指香橙*）。怀石料理会使用在开花的瞬间采摘的花柚给汤品做点缀。到了盛夏，香橙的果实长大，又会被叫做"青柚"。到了立冬时节，变为黄色的果实则被称为"黄柚"。人们总能在季节交替之际，欣赏到香橙的清香。

香橙独特的香气，是柑橘类共通的"柠檬烯"成分与六十种以上的其他成分混合在一起形成的，其内涵极其复杂。这些成分既有安神的效果，也有促进血液循环的作用。香橙的芳香成分蓄积在果皮的油胞中，所以只要让果皮破损，或者刮成碎屑，就能让香味散发出来。

花椒

嫩叶和果实也别有风味

花椒在春天长出的嫩叶在日语中被称为"木之芽"。人们会用手掌拍打嫩叶，使叶片散发出香味，给汤、炖菜、什锦饭做点缀。花椒的花朵被称为"花山椒"，尚未成熟的果实被称为"实山椒"，这些全都是"佃煮"（*译者注：把小鱼、贝类、海藻等用酱油等煮透做成的咸味较重的食物*）的材料。把花椒完全成熟的红色果实干燥后磨碎得到的花椒粉，则是烤海鳗绝对不可欠缺的佐料。

花椒的辛辣味道源自花椒酰胺这一成分。花椒酰胺有增进食欲、促进肠胃蠕动的作用。在"实山椒"收获的季节，把果实在盐水中煮过后分成小包装冷冻保存，就能在一年中都品尝到新鲜的花椒果实。花椒独特的麻辣味道能成为料理极好的点缀。

大蒜

适于红肉鱼的调味植物

在青森县等寒冷地区出产的"六瓣"这一大蒜品种具有瓣大色白、味道甘美的特征。九州等温暖地域出产的"八瓣"蒜瓣较小，呈淡紫色。这些品种都有着特殊的气味和较强的辣味。在中国、韩国、欧美等地，大蒜都是有着广泛用途的香辛料。在日本则把大蒜擦成蒜泥，给红肉鱼做佐料。

大蒜的气味来自大蒜素这一成分。大蒜素可以促进血液循环，并在体内和维生素 B1 结合，起到解除疲劳的作用。

山葵

生鱼片的标配

山葵是原产于日本的十字花科多年生草本植物，自然生长在清澈的溪流中。那直冲鼻息的刺激性气味与酱油是一对完美的搭档。寿司在江户时代的大流行使山葵一跃成名。把山葵擦成泥后，其香气和辣味都会更加强烈。

但如果用山葵来给金枪鱼、鲣鱼等红肉鱼当佐料，那冲鼻而出的香气反而会让红肉鱼的血腥味更加明显。山葵的辣味成分"异硫氰酸烯丙酯"具有很强的抗菌、抗霉作用。富有刺激性的气味则能够促进食欲和消化。山葵的茎叶适合做成腌山葵、酱油泡山葵，比较小的嫩芽则适合给汤做点缀。

芥菜

适于日本料理的辛辣味道

芥末是从奈良时代就开始使用的香辛料。但如果使用的是新鲜的芥菜，则能让料理更显爽口。芥末是把芥菜的种子干燥后磨成的粉末。在芥末粉中加入热水和成芥末酱，就会产生强烈的辣味。芥末不仅具有刺鼻的浓烈气味，同时还有香味和少许苦味。除了和日本料理搭配，也是吃牛排时的上佳选择。

烹饪就好像是魔法，通过进行加工，不仅让食材变得易于食用，而且会更容易勾起人的食欲。人类最早掌握的烹饪法是用火直接烤。之后又学会了煮、炖。在经历较长时间之后，出现了用高温油炸的技术。在漫长的岁月中，人们学会了把鱼烤得更加美味诱人的方法，烹调的方法也日渐成熟了起来。让食材的味道得到升华的烹调方法都是有其必然性的。

在烹调的过程中，最重要的是用心去观察使用的食材。被完全煮透的土豆的表皮会出现龟裂，萝卜里边显现出纤维形成的白色花朵，这说明萝卜已经煮透了。人们现在过于依赖各式各样的工具，忽视了太多食材向我们传达讯息的瞬间。希望大家不要忘记，无论什么时候，食材总会把它们现在的状态传达给我们。

烤

烤出原始但充满野趣的风味

烤鱼

在烤用盐作调料的鱼时，应在撒上盐后在常温中放置一个小时。这样既能去掉多余的水分，让柔软的鱼肉更加致密，还能让鱼所含的蛋白质转化成带来鲜美味道的氨基酸，引导出食材本身所蕴含的美味。在烤三文鱼、鳟鱼、蓝点马鲛之类含有较多水分的白肉鱼时，可以像做幽庵烧烤（*译者注：把食材用等量的酱油、酒、味啉混合的调味汁浸泡后做的烧烤*）一样，把鱼在调味汁中浸泡一段时间之后再烤。味啉和清酒中所含的酒精具有使热凝固加速的效果，再加上酱油所含盐分的渗透压与脱水作用，能避免鱼肉在烤的过程中发生破碎。在冬季捕到的鱼由于脂肪含量较高，调味汁会比较难于渗透，所以需要增加浸泡的时间。

对于秋刀鱼这样富含脂肪的鱼来说，如何在烤的过程中去除油脂至关重要。如果用大火一口气烤好，固然可以烤出鱼香四溢的烤鱼，但是会比较油腻。但如果用小火烤，又会花费太长的时间，而且水分过分蒸发，会使鱼肉变得干瘪。能够去掉多余油脂的理想方法是使用炭火这样比较强劲的火源，并且在烤的时候和火源保持一定的距离。家庭中很难具备这样的条件，因此可以把鱼放在平底锅或者烧烤网上用中火慢慢加热。由于鱼皮和鱼肉受热时的收缩率不同，切好的鱼块在烤时会发生鱼皮蜷缩剥离的情况。这时应该在带皮的那一面穿上铁签，固定住鱼皮。鱼肚子上的肉较薄，所以可以把鱼肉从一端向内侧折叠一次之后再用铁签穿起来，烤出来的形状就会显得更好看。

烤肉

在烤肉块或者切得较厚的肉片之前，应该提前至少二十分钟从冰箱中取出，好让肉的温度上升到常温，尽量减小表面与中心的温度差。和牛肉、猪肉所含的脂肪较多，尤其是布满白色花纹的霜降牛肉，需要在一开始用大火烤。在表面变得焦黄后，再换成小火把肉烤透。巧妙利用油脂的导热性和余温，是烤肉时必不可少的技巧。在烤好后，内部的汁液会从凝固的肉中渗出，这时可以用铝箔把肉包住，保持余温，并放置一段时间，这样就能让流出的汁液重新被肉吸收，使肉的美味不会有所损失。

　　想让猪肉和鸡腿肉烤得好吃，关键在于能否除掉其多余的油脂。肉中的脂肪被锁定在胶原蛋白的网状结构中，如果用大火猛地加热，胶原蛋白会因为受热而凝固收缩，使其间的油脂无法游离出来，因此应该用中火缓缓地加热。

油炸

利用油的高温对食材进行短促的加热，使食材能够保持原有的风味

油

　　炸东西时较常用的色拉油（植物性混合油）在使用后变质（氧化）的速度较快，而且比较黏稠。所以在炸天妇罗等裹有面糊的食物时，建议使用太白芝麻油。太白芝麻油用生芝麻直接榨取，清淡、不黏稠，氧化的速度也较慢，非常适合用来炸东西。在炸鸡块或者鳗鱼之类比较厚实、味道比较重的食材时，可以在太白芝麻油中加上三成左右的普通芝麻油。这样就能增加油的黏性，炸出更加可口的食物来。

油的温度和食材中的水分

　　炸东西时需要学会把握食材和面糊中所含的水分，并准确判断油的温度。来自食材的水分如果一直滞留在油中，食物表面已经炸好的面糊就会变得湿软。所以有必要根据食材中所含的水分来调节油的温度，尽可能快地让食材表面的水分蒸发掉。

　　在把蔬菜炸成天妇罗的时候，油的温度应该以170℃为基准。在这一温度下，试着把面糊滴在油锅里。面糊在沉到锅底后，会马上上浮。鱼类、贝类的水分较多，理想的温度是180℃。在油锅里滴上一滴面糊，面糊会一边冒出细小的气泡一边沉向锅底，在刚刚沉到锅底或者快要沉到锅底的时候，开始猛然上升，浮出油的表面，并在气泡的簇拥下膨胀起来。在这样的温度下放入鱼类和贝类，就能炸出外皮酥脆，里面湿润柔软的理想效果。一次炸很多东西的时候，则使用190℃的高温。在这样的温度下滴入面糊，面糊不会下沉到锅底，而是迅速在液面膨胀开来。

炖

食材的鲜美味道渗透到汤汁中，
再蔓延到整道料理

炖鱼

炖鱼的诀窍是使用味道较浓的少量汤汁，并用大火快速加热。想把味道慢慢煮进鱼里的想法是不科学的。正确的做法是把汤汁煮沸后再放鱼，在较短的加热时间内，利用鱼表层中蛋白质的热凝固将鲜美的味道锁定在内部。鱼特有的腥味具有挥发性，所以会和沸腾产生的蒸汽一起消失。应该避免用常温的汤汁来炖鱼。把汤汁加温至沸腾需要时间，鱼会在这段时间内流失太多的鲜美味道。

汤汁的量太多，渗出来的鲜美味道也会被冲淡。为了用尽量少的汤汁来获得高度浓缩的鲜美味道，可以用较小的锅盖直接盖在鱼上（*译者注：日语中称这种做法为"落盖"*），这样就能减少汤汁上面的空气，仅用少量的汤汁就能产生高效率的热对流。

炖肉

炖肉时应该先将汤汁煮沸后再放肉，之后继续用大火加热，煮出浮沫后撇掉，然后换成小火。如果汤汁一开始就调好了味道，那么无论加热多长时间，都无法把肉煮烂。首先应该把肉放在热水中慢慢加热，花较长的时间让多余的油脂溶解出来，并让构成肌腱的胶原蛋白转化成胶状。这样才能把肉炖得好吃。

煮蔬菜

在用块根类蔬菜做菜时，有两项很重要的技巧，就是削去食材的棱角，以及在食材上开刀口。在做味噌萝卜之类的料理时，需要把萝卜切成厚片，因为热量是从食材的表面逐渐向中心渗透，因此热量到达萝卜芯需要相当长的时间。萝卜的表面会在这段时间中被煮得太软。为了尽量提高热传导的效率，可以削去食材的棱角，以增加表面积，让食材易于受热。再在食材朝下的一面开上一些呈十字交叉的不起眼的刀口，这样就能煮出外形美观的萝卜来。

另外在煮油菜花等绿色蔬菜时，应该在较多量的热水中放入一小撮盐，快快地把蔬菜煮好。放盐是为了让叶绿素在弱酸性的环境中保持鲜艳的颜色。在水沸腾之后，先把蔬菜的根部浸在沸水中，默念一、二、三之后再把整棵蔬菜放进水里，然后马上关火。如果煮个不停，会让蔬菜的其他部分在根部煮透之前就被煮得过于绵软。但如果利用沸水的余温（85~90℃）给绿色蔬菜加热，就能让蔬菜的鲜美味道更加明显。这时再用手掐一下菜梗，如果偏软，就过一道冰水，让蔬菜迅速冷却，以保持颜色鲜艳。然后马上用布或者厨房用纸巾拭掉水分。

后记

这是我第一本关于料理的书。

这本书在摄影家板野贤治所拍摄的食材、料理照片的基础上，配上"NHK出版"的杂志《蔬菜时光》所刊载的内容编成一册。

"NHK出版"的长坂美和、编辑增本幸惠为这本书的出版付出了辛勤的努力，在此特向两位表示由衷的感谢。

同时还要感谢板野、美术编辑田中义久以及负责图书设计的竹广伦把这本书编排得如此精美。

在现在这样一个料理类图书不易畅销的时代，能够有幸把自己对料理的思考在一本书中加以表达，重新让我体会到文以载道这句话沉甸甸的分量。

我将会继续通过介绍料理，来让更多的人了解日本文化的魅力。希望今后也能够得到大家的支持与关爱。

茶寮花冠　松本荣文

图书在版编目（ＣＩＰ）数据

和食 1+1 / （日）松本荣文著；张凌志译 . -- 青岛：青岛出版社 , 2019.1
ISBN 978-7-5552-5302-0

Ⅰ . ①和… Ⅱ . ①松… ②张… Ⅲ . ①菜谱 – 日本
Ⅳ . ① TS972.183.13

中国版本图书馆 CIP 数据核字 (2018) 第 265938 号

山东省版权局著作权合同登记 图字：15-2017-44 号

书　　名	和食 1+1
著　　者	（日）松本荣文
译　　者	张凌志
出版发行	青岛出版社
社　　址	青岛市海尔路 182 号（266061）
本社网址	http://www.qdpub.com
邮购电话	13335059110　0532-85814750（传真）0532- 68068026
责任编辑	杨成舜
特约编辑	曹红星
装帧设计	祝玉华
照　　排	光合时代
印　　刷	青岛浩鑫彩印有限公司
出版日期	2019 年 1 月第 1 版　2019 年 1 月第 1 次印刷
开　　本	16 开（787mm×1092mm）
印　　张	8.25
字　　数	100 千
印　　数	1 - 5000
书　　号	ISBN 978-7-5552-5302-0
定　　价	45.00 元

编校印装质量、盗版监督服务电话 4006532017　0532-68068638
建议陈列类别：美食